数字孪生三维可视化建模与应用研究

段丽英 赵 娟 著

燕山大学出版社
·秦皇岛·

图书在版编目（CIP）数据

数字孪生三维可视化建模与应用研究 / 段丽英，赵娟著. -- 秦皇岛 : 燕山大学出版社，2024. 5. -- ISBN 978-7-5761-0700-5

Ⅰ. P208

中国国家版本馆 CIP 数据核字第 2024NB3942 号

数字孪生三维可视化建模与应用研究

SHUZI LUANSHENG SANWEI KESHIHUA JIANMO YU YINGYONG YANJIU

段丽英 赵 娟 著

出 版 人：陈 玉

责任编辑：王 宁　　策划编辑：唐 雷

责任印制：吴 波　　封面设计：刘韦希

出版发行：燕山大学出版社　　电 话：0335-8387555

地 址：河北省秦皇岛市河北大街西段 438 号　　邮政编码：066004

印 刷：涿州市般润文化传播有限公司　　经 销：全国新华书店

开 本：710 mm×1000 mm 1/16　　印 张：12.75

版 次：2024 年 5 月第 1 版　　印 次：2024 年 5 月第 1 次印刷

书 号：ISBN 978-7-5761-0700-5　　字 数：205 千字

定 价：64.00 元

前　　言

本书着重介绍了数字孪生技术和BIM技术在工程中的应用，尤其是参数化的三维建模技术、管线综合碰撞技术、施工模拟技术以及进度、成本、质量监控等项目管理技术，在西安地铁四号线OCC工程、地铁暗挖车站与区间隧道设计及施工工程、市政综合管廊与路桥监测平台、智慧工地的可视化管理等工程中的应用，内容翔实，流程清晰。

本书的出版得到了河北省物联网智能感知与应用技术创新中心、河北省物联网与区块链融合重点实验室、物联网安全与传感器检测河北省工程研究中心、河北省军民融合创新创业中心的大力支持。本书的出版还得益于河北省科技厅乡村振兴技术创新专项项目“工厂化育苗自动控制装备及系统的创新”（项目编号22320301D）的大力支持。本书由石家庄学院段丽英撰写第1～5章，由河北机电职业技术学院赵娟撰写第6章。

目　录

第 1 章　数字孪生和 BIM 三维可视化模型 …… 1

1.1 数字孪生的定义和起源 …… 3

1.2 数字孪生与 BIM 三维可视化模型 …… 7

第 2 章　数字孪生及三维可视化模型在地铁 OCC 工程中的应用 …… 11

2.1 项目概述 …… 13

2.2 运用 BIM 技术进行场地布置 …… 25

2.3 建三维模型计算工程量和图形对比量差技术研究 …… 26

2.4 基于 BIM 技术的综合碰撞技术研究 …… 34

2.5 基于数字孪生和 BIM 技术的施工模拟技术研究 …… 44

2.6 基于 BIM 5D 技术的进度、成本、安全质量管理研究 …… 48

第 3 章　地铁暗挖车站与区间隧道设计及施工中的三维可视化建模 …… 67

3.1 工程项目软件与硬件 …… 69

3.2 知识工程 …… 73

3.3 建模规范 …… 74

3.4 地质模型的建立 …… 83

第 4 章　基于数字孪生及 BIM 技术的施工模拟 …… 109

4.1 引言 …… 111

4.2 虚拟施工技术理论概述 …… 112

4.3 BIM 技术在虚拟施工中的引入 …… 116

4.4 基于 BIM 的车站及区间隧道开挖、支护施工方案模拟 … 117

第 5 章 数字孪生与 BIM 技术在市政综合管廊及路桥建设中的应用 … 145

5.1 项目研究概述 …… 147

5.2 关键技术和主要研究内容 …… 155

5.3 基于数字孪生 +BIM 技术的市政综合管廊与路桥监测平台 … 158

第 6 章 数字孪生与 BIM 技术在智慧工地建设中的应用 …… 181

6.1 工程概况 …… 183

6.2 基于 BIM 技术的基础应用 …… 185

6.3 基于 BIM 技术的智慧工地平台 …… 186

6.4 工程全景实时仿真系统（电子沙盘） …… 196

6.5 VR 安全教育系统 …… 197

第1章

数字孪生和BIM三维可视化模型

1.1 数字孪生的定义和起源

1.1.1 数字孪生

数字孪生（Digital Twin）也被称为数字映射、数字镜像。这个概念在近年来逐渐受到各行业的关注，尤其在工业领域中更是备受瞩目。在阐述数字孪生之前，先来理解什么是数字模型。数字模型是事物在数字空间中的表现形式，可以对事物进行全面的数字化描述。例如，建筑领域中的数字建筑模型能够完全模拟出实际建筑的结构、外观和内部布局。

数字孪生是基于物理实体的特征和行为构建的数字模型，能够实现物理实体与数字模型之间的双向映射、动态交互和实时连接。通过传感器、智能设备和软件等技术手段，数字孪生能够对物理实体的状态进行监控、预测和优化，从而实现对物理系统全生命周期的控制和管理。

1.1.2 数字孪生的起源

数字孪生的起源可以追溯到 20 世纪 80 年代的计算机辅助设计和制造领域。当时，人们开始使用计算机模拟和仿真技术来帮助设计和制造产品。这种模拟和仿真技术可以将数字模型与实际物理模型进行对比和验证，从而提高产品设计的准确性和效率。

2002 年，美国密歇根大学（University of Michigan）成立了一个 PLM（Product Life-Cycle Management，产品生命周期管理）中心。Michael Grieves 教授面向工业界发表了《PLM 的概念性设想》（Conceptual Ideal for PLM），首次提出了一个 PLM 概念模型。在这个模型里，Michael Grieves 教授提出了“与物理产品等价的虚拟数字化表达”，并使用了现实空间、虚拟空间的描述。Michael

Grieves 教授用一张图介绍了从现实空间到虚拟空间的数据流连接，以及从虚拟空间到现实空间和虚拟子空间的信息流连接，即 PLM 的概念性设想（图 1.1-1）。

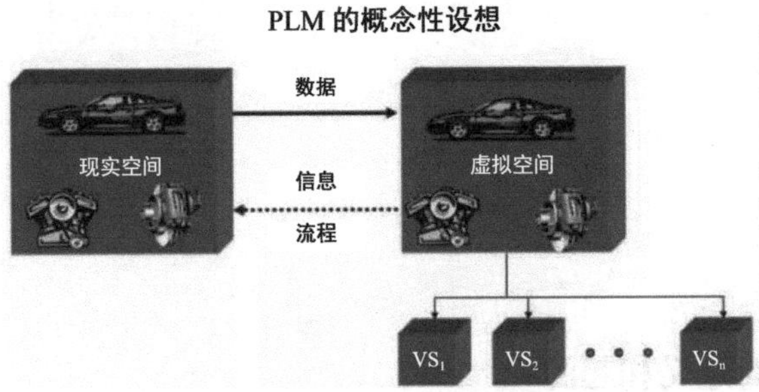

PLM 的概念性设想

数据

现实空间

虚拟空间

信息

流程

VS_1 VS_2 … VS_n

图 1.1-1　PLM 的概念性设想

Michael Grieves 教授提道，驱动该模型的前提是每个系统都由两个系统组成：一个是一直存在的物理系统，一个是包含了物理系统所有信息的新虚拟系统。这意味着在现实空间中的系统和虚拟空间中的系统之间存在一个镜像（Mirroring of Systems），或者叫作“系统的孪生”（Twinning of Systems），反之亦然。所以产品生命周期管理不是静态的谁表达谁，而是两个系统——虚拟系统和现实系统在整个生命周期中彼此连接；贯穿了四个阶段：创造、生产制造、操作（维护和支持）和报废处置。

2002 年年初，这一概念模型在密歇根大学第一期 PLM 课程中使用，当时被称为镜像空间模型（Mirrored Spaces Model）；2003 年，“数字孪生”这一概念由美国 Michael Grieves 教授提出。2010 年，“Digital Twin”一词在美国国家航空航天局（National Aeronautics and Space Administration，NASA）的技术报告中被正式提出，并被定义为“集成了多物理量、多尺度、多概率的系统或飞行器仿真过程”。2011 年，美国空军探索了数字孪生在飞行器健康管理中的应用，并详细探讨了实施数字孪生的技术挑战。从此，数字孪生技术被应用到制造业、航空航天、能源、医疗、交通等行业，为各个领域的发展带来了新的机遇和挑战。

1.1.3 数字孪生技术的研究现状

数字孪生技术早期主要被应用在军工及航空航天领域。2010 年，美国国家航空航天局在太空技术路线图中首次引入数字孪生的概念，开展了飞行器健康管控应用。2011 年，美国空军研究实验室明确提出面向未来飞行器的数字孪生体规范，指出要基于飞行器的高保真仿真模型、历史数据和实时传感器数据构建飞行器的完整虚拟映射，以实现对飞行器健康状态、剩余寿命及任务可达性的预测（Tuegel，Ingraffea，Eason，et al，2011）。美国洛克希德•马丁公司将数字孪生引入 F-35 战斗机生产过程中，用于改进工艺流程，提高生产效率与质量（孟松鹤，叶雨玫，杨强，等，2020）。

2006 年，美国国家科学基金会的 Helen Gill 用“信息物理系统”（Cyber Physical System，CPS）一词来描述传统的 IT（Information Technology，信息技术）术语无法有效说明的日益复杂的系统。通过计算、通信和控制的集成和协作，CPS 提供实时传感、信息反馈、动态控制等服务；通过这种方式，信息世界与物理过程高度集成和实时交互，以便以可靠、安全、协作、稳健和高效的方式监控物理实体。CPS 更多地被定义为计算和物理过程的集成，已经成为工业互联网和工业 4.0 的核心概念。数字孪生是构建和实现 CPS 的必要基础，可以提供更加直观和有效的手段，通过“状态传感、实时分析、科学决策和精确执行”的闭环促进智能制造的发展。

中国信息通信研究院认为数字孪生城市是新型智慧城市建设的起点，是城市实现智慧化建设的重要设施和基础能力，是城市信息化从量变走向质变的里程碑，并从 2018 年开始每年发布数字孪生城市研究报告（白皮书），极大地推进了数字孪生城市的概念被广泛接受。数字孪生城市的提出，也让数字孪生从小尺度的工业设备场景演进到了大尺度的城市复杂场景（图 1.1-2）。

图 1.1-2　雄安新区街道及地下管廊示意图

1.1.4 数字孪生技术的发展前景

数字孪生的定义是不断演变的，从高层次来说，它是创造物理对象的数字化表达形式；从根本上讲，它是为真实世界的资产设备创建数字模型，并将实际的性能数据与企业所拥有的与该特定资产设备有关的整套数字信息充分结合，数字孪生体可将所有这些信息整合到一个代表物理操作的统一数字记录中，将基于物理的理解与分析相结合，以获得深入的产品洞察力，进而释放数字孪生体的真正价值。

此外，数字孪生体还可提供关于资产当前准确的运行状况，找出未得到充分利用的设备从而带来巨大的商业价值，因此分析数字孪生体信息可实现设备的最佳使用率。通过深入预测潜在问题，操作人员可制订维护计划，尽可能减少服务中断。例如，发电厂安装的燃气轮机的数字孪生体可用于向客户和产品研发团队展示能源效率、排放、涡轮叶片磨损或其他重要信息。

数字孪生具有将虚拟空间和物理实体紧密融合的特点，在日益更新的科技发展中，数字孪生将更容易落地。

首先是拟实化趋势，涉及多物理建模。产品数字孪生体在工业领域应用的成功程度取决于产品数字孪生体的拟实化程度。研究如何将基于不同物理属性的模型关联在一起，是建立产品数字孪生体继而充分发挥产品数字孪生体模拟、诊断、预测和控制作用的关键。

其次是全生命周期化趋势，亦即从产品设计和服务阶段向产品制造阶段延伸。现阶段，有关产品数字孪生体的研究主要侧重于产品设计或售后服务阶段，较少涉及产品制造阶段，数字孪生体在产品生产制造阶段的研究与应用方面将会成为全新热点。

最后，集成化、与其他先进技术融合也将成为全新趋势。现阶段，数字孪生体的各个环节之间仍然存在断点，如何以数字纽带技术为基础技术，并与新一代信息与通信技术、大数据分析技术、增强现实（Augmented Reality，AR）技术等先进技术有机融为一体，是数字孪生的下一个研究方向。图1.1-3为未来数字孪生架构示意图。

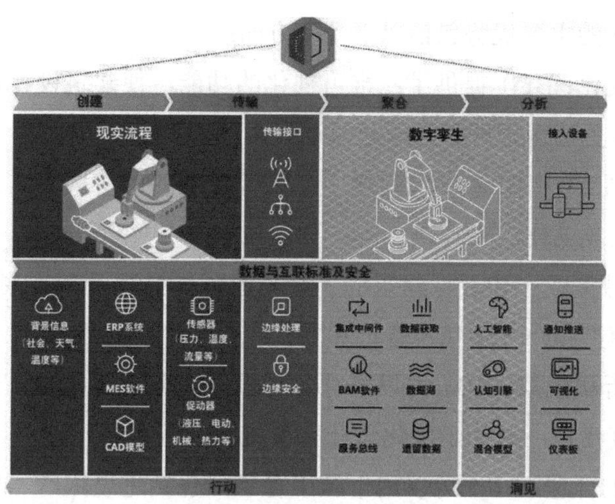

图 1.1-3　未来数字孪生架构示意图

数字孪生技术需要进行全域感知、运行监测，并整合历史积累数据进行运算，还要做到快速及时地输出信息，首先是高度依赖传感器所采集的数据和信息。 在数据的感知方面，从目前的技术水平来看，在工厂中对机器的精确全域感知依然有难度，其他复杂领域也存在很多不足。物理实体的数据不够详尽，因此数字副本也会有所缺失，这就会导致基于数字副本得出的预测和判断有误差，解决这个问题需要芯片、传感器、物联网等技术的共同进步。

软件方面，需要更加先进的算法。各类软件的整合，例如利用人工智能、边缘计算、深度学习等技术，对数据进行更加快速的分析处理，进行可视化呈现。

随着其他技术的发展，数字孪生的瓶颈定会逐个攻破，未来将有更多想象空间。

1.2 数字孪生与 BIM 三维可视化模型

1.2.1 什么是 BIM

BIM（Building Information Modeling，建筑信息模型）是一种基于数字技术的建筑设计、施工和管理方法。它利用三维模型来表示建筑的几何形状、结构、设备和其他相关信息，并将这些信息整合到一个协同工作的平台上，以便在建筑的整个生命周期进行共享和管理。

BIM 技术的主要优势包括以下几个方面：

（1）可视化：BIM 提供了三维可视化的功能，使建筑设计师、工程师和施工人员能够更好地理解和沟通建筑设计意图。

（2）协同工作：BIM 平台促进了不同专业之间的协同工作，减少了信息传递错误和重复工作。

（3）信息集成：BIM 将建筑的各种信息（如几何形状、材料、设备等）集成到一个模型中，方便信息管理和更新。

（4）分析和模拟：BIM 可以进行各种模拟和分析，如能耗分析、结构分析和施工进度模拟，有助于优化设计和决策。

（5）施工管理：BIM 可以用于施工管理，包括进度跟踪、资源分配和成本控制等。

（6）设施管理：BIM 可以在建筑运营阶段继续使用，用于设施管理、维护和改造。

BIM 技术在建筑行业中的应用越来越广泛，许多国家和地区都在推广。随着技术的不断发展，BIM 也在不断演进和扩展应用领域。

1.2.2 数字孪生 +BIM 技术优势

（1）数据整合与协同：数字孪生技术可以整合多种数据源，包括 BIM、传感器数据、运营数据等。这种整合有助于不同专业团队之间的协同工作，减少信息孤岛和沟通障碍的产生。

（2）实时监测与反馈：通过与传感器和物联网技术的结合，数字孪生可以实时监测物理资产的状态和性能。这使得工程师和管理者能够及时获得有关建筑结构、设备和系统的反馈，以便及时进行维护和优化。

（3）模拟与预测：数字孪生可以进行模拟与预测，帮助评估不同设计方案的效果和潜在风险。结合 BIM 中的建筑信息，可以进行能源消耗、结构应力、人流等方面的模拟，从而提供更准确的决策依据。

（4）资产全生命周期管理：数字孪生和 BIM 结合可以对建筑资产进行全生命周期管理。从设计、施工到运营和维护，所有相关信息都可以在数字孪生中进行跟踪和管理，有助于提高资产的利用效率和可持续性。

（5）优化设计与施工：通过在数字孪生环境中进行虚拟的设计和施工模

拟，可以提前发现和解决潜在问题，优化施工计划和资源配置。这有助于减少施工中的变更和延误，提高项目的质量和进度。

（6）信息一致性和可追溯性：数字孪生和 BIM 技术确保了信息的一致性和可追溯性。所有相关信息都存储在一个统一的模型中，便于查询和分析。这有助于减少信息的丢失和错误，提高项目的透明度和管理效率。

数字孪生和 BIM 的技术优势在于它们能够提供一个完整、准确和实时的建筑信息模型，支持跨专业的协同工作，实现资产的全生命周期管理，并通过模拟和预测优化决策。这些技术优势可以提高项目的质量、效率和可持续性，为建筑行业带来更多的创新和发展机会。

本书中提到 BIM 技术建模，统指结合了数字孪生技术的，通过传感器、智能设备和软件等技术手段，实时收集物理实体的运行数据，并利用这些数据对物理实体的状态进行模拟、监控、预测和优化的三维可视化模型。

1.2.3 数字孪生 +BIM 技术发展趋势

（1）更广泛的应用场景：数字孪生技术将在更广泛的应用场景中得到应用，例如城市规划、交通运输、能源管理等。通过数字孪生技术，可实现对城市和社会的智能化管理和优化。

（2）更精细化的建模：数字孪生技术可实现对建筑物的更精细化建模，通过对建筑物的各个部分进行分析和建模，实现对建筑物的更精准的监测和管理。

（3）更深入的数据分析：数字孪生技术可实现对建筑物数据的更深入分析，包括对历史数据和实时数据的分析，以及对机器学习算法的应用，实现对建筑物的更精准的预测性维护和管理。

（4）BIM+ 领域：BIM 的应用领域逐步向外扩展，从民用和商业建筑，到公路、铁路、水运、机场、水利、电力、新能源、石化等传统基建，以及近年来提出的 5G 基站、新能源汽车充电桩、城际以及城轨交通等新基建建设。

（5）BIM+ 新技术：推动 BIM 和大数据、云计算、物联网、GIS 等新技术的融合，帮助建筑业实现信息化转型升级。在平台中，物联网设备可以调用 BIM 信息，进行相互的数据衔接，实现施工全过程的精细化管理。

1.2.4 结合数字孪生技术的三维模型搭建标准

（1）数据的完整性和准确性：BIM 应包含完整和准确的建筑信息，包括几何形状、尺寸、材料属性、构件关系等。数据的质量对于数字孪生的准确性和可靠性来说至关重要。

（2）模型细度和层次结构：根据项目需求和使用目的确定适当的模型细度级别。层次结构应清晰明了，便于不同专业人员在模型中进行协作和信息提取。

（3）信息分类和编码标准：采用行业认可的信息分类和编码标准，确保模型中的信息具有一致性和可扩展性。这有助于信息的共享和交换。

（4）参数化建模：尽量采用参数化的建模方法，这使得模型中的元素可以通过参数进行调整和修改，有助于实现设计变更和优化的快速响应。

（5）模型整合和协同工作：确保不同专业的 BIM 能够有效整合和协同工作，包括建筑、结构、机电等专业之间的模型交互和信息共享。

（6）数据一致性和版本控制：建立有效的数据一致性管理机制，确保模型中的信息在不同阶段和用户之间保持一致。同时，采用版本控制系统来管理模型的版本历史和变更记录。

（7）可视化和交互性：提供良好的可视化功能，使得用户可以直观地理解和操作 BIM 。交互性应允许用户进行查询、分析和模拟等操作。

（8）数字孪生连接和实时数据：建立 BIM 与数字孪生之间的连接，实现实时数据的集成和反馈。这有助于实时监测和分析建筑性能，以及进行预测性维护和优化。

（9）安全和访问控制：设置适当的安全措施，限制对 BIM 的访问和操作权限，确保只有授权用户可以进行修改和更新，以保护模型的完整性和机密性。

（10）文档和规范遵循：按照项目要求和相关规范，建立完整的文档记录，包括模型创建、修改和审核的过程。遵循相关的建筑和工程规范，确保模型符合行业标准。

这些标准是构建高质量结合数字孪生技术的 BIM 的基础。具体的标准和要求可能会因项目的性质、规模和行业而有所不同，因此在实际应用中，应根据项目的特定需求进行适当的调整和定制。

第 2 章

数字孪生及三维可视化模型在地铁 OCC 工程中的应用

◎第 2 章◎　数字孪生及三维可视化模型在地铁 OCC 工程中的应用

2.1　项目概述

2.1.1　项目背景

数字孪生技术是一种基于模型的系统工程方法，它将物理系统的特征和行为转化为数字模型，并利用数字模型进行预测、优化和决策。数字孪生技术的核心是建立物理系统和数字模型之间的实时映射和交互，通过对物理系统的监测和分析，不断更新和优化数字模型，以实现对物理系统的精准控制和管理。

数字孪生技术的应用领域非常广泛，包括制造业、航空航天、能源、医疗、交通等。在制造业中，数字孪生技术可以用于产品设计、生产规划、质量控制和运维管理等方面；在航空航天领域，数字孪生技术可以用于飞行器设计、飞行模拟和故障诊断等方面；在能源领域，数字孪生技术可以用于电网优化、能源管理和设备维护等方面。

在建筑领域，BIM 经过多年在全球工程建设行业的研究和实际应用，已经成为未来提升建筑业及相关产业技术及管理水平的核心技术。数字孪生技术可以用于虚拟施工及工程管理的全生命周期中，并且可与 BIM 可视化模型技术进行结合；能够在创建建筑信息模型的同时，充分利用物理模型、传感器更新、运行历史等数据，集成多学科、多物理量、多尺度、多概率的仿真过程，在虚拟空间中完成映射，从而反映相对应工程的全生命周期过程。本书中 BIM 技术指与数字孪生技术结合的三维可视化建模的技术。

近十年来，随着科技的不断演进和创新，建筑信息模型（BIM）技术已在全球范围内取得了显著的成果，特别是在美国、日本等经济和技术先进的国家和地区。这一技术的广泛应用，不仅显著提升了建筑工程的效率和品质，也为建筑业的可持续发展注入了新的活力。在我国，众多具有前瞻性的施工企业亦开始积极探索如何将 BIM 技术融入项目管理，以期增强企业的核心竞争力。

BIM 技术的核心价值在于其全生命周期管理的能力。通过构建三维建筑信息模型，从规划、设计到施工、运营、维护等各阶段的信息得以完整、全面、系统地整合和升级。在此过程中，BIM 技术不仅充分发挥了可持续设计、海量数据管理、数据共享、工作协同、碰撞检查、造价管控等核心功能，还极大地提高了建筑项目的协同效率和信息透明度。

当前，我国建筑业正处于现代化、信息化、工业化转型升级的关键时期，面对这一历史性的机遇，BIM 技术已成为我国建筑业发展的必然选择。为了推动 BIM 技术的广泛应用，我国政府近年来已陆续出台了一系列相关政策，为 BIM 技术的发展提供了坚实的政策保障。同时，在政策的引导和支持下，我国建筑业的专业人员也在不断探索和实践，取得了一系列令人瞩目的成果。这些成果不仅提升了 BIM 技术在我国建筑业的应用水平，也为产业的发展带来了深远的影响。随着 BIM 技术的不断普及和应用，我国建筑业的效率、质量和可持续发展能力将得到进一步提升。同时，BIM 技术还将有助于推动建筑业的数字化转型，提升我国建筑业的国际竞争力。

1. BIM 技术的价值与优势

（1）BIM 技术的核心结构与优势

BIM 技术的核心在于其数据模型和行为模型的结合。这两个模型共同构成了建筑工程的数字孪生，能够精确地模拟真实世界中的建筑结构和行为。数据模型提供了建筑元素的几何、物理和功能信息；而行为模型则通过模拟建筑在使用过程中可能遇到的各种情况，为设计者和管理者提供了决策支持。

与传统管理模式相比，BIM 技术具有显著的优势。首先，BIM 技术能够显著提高信息的质量、可靠性和集成度。通过统一的数据标准和信息交流平台，各方参与者能够实时获取准确的信息，减少了信息失真和流失的可能性。其次，BIM 技术有助于减少项目的不确定性。通过模型化的方式，设计师能够更好地预测和解决潜在的问题，从而降低工程风险。

（2）BIM 技术的应用与价值

BIM 技术在建筑工程中的应用广泛而深远。在设计阶段，BIM 技术能够帮助设计师更好地进行空间规划、结构分析和材料选择，从而提高设计的质量和效率。在施工阶段，BIM 技术可以实现精确的预制和装配，减少施工错误和浪费，加快工程进度。在运营和维护阶段，BIM 技术能够为管理者提供详细的建筑信息，帮助他们更好地进行设施管理和维护。

此外，BIM 技术还具有长期的价值。通过不断地更新和维护 BIM 模型，建筑项目可以在整个生命周期内实现信息的共享和传承。这不仅有助于提高项目的可持续性和管理效率，还能为未来的项目提供宝贵的数据支持。

（3）BIM 技术的引领与未来发展

BIM 技术不仅改变了传统的工程建设管理理念，还引领了建筑信息技术的发展。通过 BIM 技术，建筑行业正在实现数字化转型，推动项目管理、设计、施工和维护等各个环节的高效协同。

随着技术的不断进步和应用范围的扩大，BIM 技术将继续发挥更大的作用。未来，BIM 技术有望与物联网、大数据、人工智能等先进技术相结合，实现更加智能化的建筑管理和服务。同时，随着 BIM 技术的普及和标准化程度的提高，建筑行业将实现更加高效、绿色和可持续的发展。

2. 国内建筑业对 BIM 技术的需求

第一，建设过程中，存在大量因沟通和实施环节信息不对称而造成的损失。BIM 信息经过整合，重新定义了设计流程，在很大程度上改善了这一状况。

第二，针对可持续发展的需求，BIM 技术对建筑从建设到拆除的全生命周期中的所有决策提供可靠依据、全生命周期管理以及节能分析。

第三，国家资源规划管理信息化的需求。中华人民共和国住房和城乡建设部颁布《2011—2015 年建筑业信息化发展纲要》（建质〔2011〕67 号），纲要总体目标中提出：“‘十二五’期间，基本实现建筑企业信息系统的普及应用，加快建筑信息模型（BIM）、基于网络的协同工作等新技术在工程中的应用，推动信息化标准建设，促进具有自主知识产权软件的产业化，形成一批信息技术应用达到国际先进水平的建筑企业。”

3. 国内 BIM 技术应用日趋成熟

我国建筑、水电等行业 BIM 技术应用相对成熟。2013 年上半年，铁路总公司正式启动铁路行业 BIM 技术科研和应用实践工作。中国中铁下属各子公司已开展部分 BIM 技术研究及应用实践工作，在铁路行业暂时处于领先地位，但领先优势不明显，需进一步加大研究和应用力度。由股份公司组织对 BIM 技术应用进行整体规划，在对各下属企业 BIM 技术应用现状进行梳理的基础上，规划 BIM 技术实施路线，并制定整体的应用方案和实施指南。

2.1.2 工程概况

西安地铁四号线 OCC（Operating Control Center，运行控制中心）项目控制中心大楼位于陕西省西安市南郊航天基地车辆段内。该地块位于四号线起点航天城站以东，规划的航天南路以北用地性质为市政设施用地，周边规划以居住用地和仓储用地为主，现状主要为农田，周边规划道路均未实施。

1. 任务要求

西安地铁四号线 OCC 工程为长方体建筑，设有主次两个出入口，建筑层数为地下 1 层，地上 9 层，总建筑面积约 $3.2\times10^4\ m^2$，其中 ±0.000 以上建筑面积约 $2.6\times10^4\ m^2$，地下室建筑面积约 $0.6\times10^4\ m^2$。建筑高度为 44.7 m。结构形式为框架剪力墙结构，屋面有混凝土结构和管桁架钢结构两种形式。管桁架钢结构屋面为铝镁锰板金属屋面，外立面采用石材幕墙和玻璃幕墙。工程自 2015 年 5 月开工建设，于 2018 年 5 月竣工移交运营。

本工程建设内容包含土建工程、消防工程、通风空调工程、电气工程、给排水工程、火灾自动报警工程（含气体灭火控制系统）、气体灭火工程、弱电工程、室外给排水及消防工程、室外土建工程、装饰装修工程。工程涉及专业较多，各专业穿插作业频繁，工程工期紧张，施工任务繁重。

2015 年 5 月由中铁上海工程局集团有限公司第七工程公司（下文简称“七公司”）技术中心组织七公司在建项目，举行了一次专题会议，确定西安地铁四号线 OCC 工程 BIM 技术的运用为七公司第一个房建重点试点工程，拟在工程建设中采用 BIM 技术，在深化设计、施工指导和施工管理的过程中能加快决策进度、提高决策质量、加快施工进度，进而使项目质量提高、收益增加。同时，以管道预制加工技术的应用与研究为科研目标，全面、优质、高效地完成西安地铁四号线 OCC 工程 BIM 技术的试点工作。

西安地铁四号线 OCC 项目因兼具办公与控制运营双重功能，其结构设计复杂且功能多样，导致各楼层在结构与布局上呈现出显著差异。在施工过程中，涉及现场浇注构件、综合管线铺设等多个重要环节。这些环节工作量大且存在复杂的交叉作业，给施工单位的现场组织与安排带来不小的挑战。若无法有效整合并直观展示各工序安排，极易引发工序间的冲突，导致施工现场混乱，甚至产生“窝工”现象。此外，鉴于本项目规模庞大，涉及多家施工单位，包括业主方、设计单位、分包商及物资供应商等多元参建主体，这些主体间的对接关系错综复杂，进一步加大了施工总承包方的协调工作量。若信息沟通不畅或传递不及时，很可能导致工期延误及变更增加等问题。尤其是本项目的施工周期长，设计图纸难以一次性完善，存在“边设计，边施工”的情况。这导致施工过程中频繁出现返工和变更，对施工总承包单位的成本控制和工期控制产生直接影响。

为应对上述挑战，第七工程公司决定采用 BIM 技术，以实现对施工过程中总承包的资源组织、进度调度、质量监控以及配合协调的有效管理。同时，该技术还可用于施工后的信息存档和运营管理，从而提升整体项目的执行效率和质量。

2. 设计概况

西安地铁 OCC 工程是以满足线路的监控需求预留一条线路监控，并配属一个运营分部为条件设计修建。地勘报告表明场地内素填土、新黄土及古土壤均具湿陷性，湿陷性土层分布深度为 17.0 ～ 22.0 m。自重湿陷量计算值 Δzs 介于 140 ～ 349 mm 之间。场地内无地缝通过，场地土不具液化性，亦无其他不良地质作用，也无断裂构造分布。

3. 工程特点及难点

西安地铁 OCC 工程属于复杂型交通建筑类工程，具有工期紧、环境干扰大、涉及专业多、综合管线复杂、施工场地狭小、施工图纸设计精细化不足、运营要求变化多、设计变更频繁、安全质量要求高、管理协调难度大等特点。

4. 项目软件与硬件配置

（1）工程项目软件

广联达 BIM 土建算量软件（GCL）是广联达自主图形平台研发的一款基于 BIM 技术的算量软件，无须安装 CAD 即可运行。软件内置《房屋建筑与装饰工程工程量计算规范》（GB 50854—2013）及全国各地现行定额计算规则；可以通过三维绘图导入 BIM 设计模型（支持国际通用接口 IFC 文件、Revit 文件、ArchiCAD 文件）、识别二维 CAD 图纸建立 BIM 土建算量模型；模型整体考虑构件之间的扣减关系，提供表格输入辅助算量；三维状态自由绘图、编辑，高效且直观、简单；运用三维布尔运算轻松处理跨层构件计算，彻底解决困扰用户的难题；提量简单，无须套做法亦可出量；报表功能强大，提供做法及构件报表量，满足招标方、投标方各种报表需求。

① 广联达 BIM 土建算量软件具有 BIM 模型一键导入的优点。BIM 技术快速发展，广联达 BIM 土建算量产品响应行业动态，不仅支持国际通用接口 IFC 文件的一键导入，在承接三维设计软件 Revit 模型的接口上更实现了业内领先，方便用户一次性建立模型。

② 云应用大数据增值：计算快速，一键自动快速计算常用指标数据；区间审核，当前工程指标与云经验区间的对比一目了然；不断积累个人及企业业务数据，汇集大数据；提供专家云检查功能，确保建模符合业务规则，算量更让人放心。

③ 斜拱构件，业内领先：该软件是目前行业内唯一能够快速、精确处理变截面柱、斜柱、斜墙、挡土墙、异形墙构件及其装修的算量软件。软件中拱墙、拱梁、拱板构件建模灵活，算量准确。

④ 复杂结构，处理简单：根据工程特点，通过区域或者调整图元标高均可轻松解决错层、夹层、跃层等复杂结构工程量的计算。

⑤ 模型复用，量价一体：广联达整体解决方案提供 GCL 与公司其他产品的数据接口，实现土建算量软件与钢筋、安装、精装、对量、变更等产品的模型复用，多人协同，省时省力。同时，广联达计价实现了数据互通、量价一体，集成了清单定额的量价 BIM 在施工阶段可发挥更大作用。

⑥ 三维绘图，直观易学：构件的绘制和编辑都基于三维视图进行，不

仅可以按传统方式在俯视图上绘制构件，还可以在立面图、轴测图上进行绘制，可数倍提升建模效率。

⑦ 装修处理，专业精确：GCL 房间装修可以按照图纸要求建立依附构件，智能化进行房间布置以及调整装修细节，业务处理专业精确，装修清单管理更清晰准确。

⑧ 分类统计，提量方便：提供分类查看构件工程量功能，还可以根据清单项目特征值来自由组合进行工程量统计。

⑨ 报表反查，核量快捷：根据报表中提供的工程量，反查出工程量的来源、组成，方便用户对量、查量及修改。

（2）项目硬件配置

BIM 技术对于计算机预算性能的要求主要体现在数据运算能力、图形显示能力、信息处理数量等几个方面。因此，BIM 小组针对所选软件的各方面要求，并结合设计人员、施工人员的工作分工，配备不同的硬件资源，以达到 IT 基础结构投资的合理性价比。根据 BIM 的不同应用，对硬件划分不同的级别，并确定各级别的具体配置，即阶梯式的配置模式：基本级应用配置、标准级应用配置、专业级应用配置。

台式终端机主要用于模型构建等设计工作，兼顾施工管理平台信息录入、查询等工作，笔记本终端机用于施工管理平台信息管理工作。

2.1.3 研究内容、预期目标、关键技术及创新

1. 研究内容

（1）西安地铁四号线控制中心三维模型的构建技术

根据地铁控制中心二维设计图纸，构建包含地质情况、主体结构、施工阶段所涉及的主要管线等三维 BIM。模型应满足管线碰撞检查、施工应用（进度、材料、成本、设备、监控测量）的要求，为现场施工提供先行保障。

（2）项目工程量清单的统计

基于 BIM 技术的工程量统计，可提高施工过程中项目工程量信息的采集和管理，达到了施工过程中的每一阶段都有信息量统计。运用 BIM 技术计算工程量，可分类、分构件统计材料用量，通过与清单统计工程量对比量差，为工程量变更提供依据，且便于后续施工质量问题追踪，提高现场施工管理

的效率和质量。

（3）预制加工技术研究

运用 BIM 软件，在三维模型的基础上，对本项目的冷水泵机房进行系统模拟优化，将冷水泵机房包含的材料构件真实地建立到模型上，并且导出工厂化加工信息表，实现构件在工厂进行预制加工，提高施工机械化程度和工作效率。

（4）西安地铁四号线 OCC 工程综合管线碰撞检查技术研究

在三维模型构建的基础上，直观地显示各专业设计间存在的接口问题，实现不同专业设计间的碰撞检查和预警；对图纸进行详细审核，及时发现设计问题，为设计变更提供依据，避免返工现象的发生，缩短施工工期。

（5）模架支撑方案施工模拟

以高支模架为例，运用 BIM 技术，将模架的搭设过程在计算机上虚拟仿真模拟，以便发现施工方案在实际施工中存在的或者可能出现的问题；识别出方案中不合理的施工工艺，验证施工中的干涉和冲突，为施工方案的优化提供可行性参考。

（6）信息化管理施工

第一，进度管理。建立三维模型与项目进度管理软件之间的链接，运用 BIM，对施工进度进行查询、调整和控制，实现施工进度的四维动态管理与调整；通过施工进度管理，可对进度、人、机（包含设备台班）、料、场地等进行合理规划；将现场实际施工进度与计划进度相比较，实现计划进度与实际进度的追踪和比较分析。此外，在施工进度管理过程中，将监控量测数据从数据库中链接到模型，在模型上实现对监测数据的查询及管理。

第二，施工成本管理。运用算量软件，在四维施工进度模型的基础上，对控制中心大楼的材料消耗（工程量）进行统计分析，将包含材料信息的四维模型与企业定额库（施工中涉及的材料）相链接，计算任意节点、施工段的材料消耗及成本，对施工完成情况、资源及材料计划和实际消耗等方面进行统计分析和实时查询，实现施工资源的动态管理。

第三，安全质量管理。基于 BIM 技术的施工质量管理，可提高施工过程中项目质量信息的采集和管理，达到了施工过程中的每一阶段都可追溯，便于后续施工质量问题追踪，提高了现场施工质量的管理水平和效率；将监控量测信息、安全教育培训等内容添加至 BIM 施工管理平台，提高现场施工安全管理的效率和质量，实现由被动管理向主动管理的转变。

2. 预期目标

（1）运用 BIM 技术构建西安地铁四号线 OCC 工程三维模型，熟练掌握建模方法

运用广联达场地布置软件构建一个精确的场地三维模型。该模型以项目部办公区和生活区临时设施以及施工区内各类设施为核心，进行了科学合理的布局。随着工程的逐步推进，分阶段调整平面布置，确保施工总平面布局的优化与灵活性。严格遵循了现场安全文明施工和环境保护等要求，合理布置项目部临时驻地，解决在狭小空间进行场地布置的难题。运用广联达 GGJ 钢筋算量软件构建控制中心钢筋三维模型；运用 Revit 2016 软件绘制控制中心综合管线及冷水机房管线、设备模型，进一步提升了施工设计的精细度和可操作性。

（2）运用 BIM 技术进行三维图形对比量差

本项目结构复杂多样，复杂节点较多，设计变更较多，各楼层布局不一，无标准层参考，这给项目的算量、对量工作增加了极大难度，计算工程量的准确度将直接影响到项目的盈亏。通过传统手动算量方法计算钢筋混凝土工程量工作繁重，且准确度不高。综合考虑，项目决定运用 BIM 技术建立参数化模型，根据设计院提供的施工图纸，对土建结构图纸进行整理，将二维施工图纸导入 BIM- 广联达钢筋算量软件中，绘制三维建筑信息模型，计算钢筋工程量和混凝土工程量，为项目的对量工作提供技术支持和保障。同时，在施工过程中，可以实现一键生成钢筋下料单，使算量、提量工作更为快速、准确，使项目的材料采购计划更加合理，提高项目管理能力。

（3）研究结合 BIM 技术的预制加工技术，运用 BIM 技术进行复杂部位、节点的深化设计和施工模拟

西安地铁四号线 OCC 工程地下室空调冷水机房大型设备较多且安装精确度要求较高，管道繁多，空间受限。利用 Rebro、Revit 软件辅助深化设计，将管道系统分割，量体取材，避免长管短截；结合 Revit 软件建立三维模型

进行空间布置，生成预制加工图纸，实现工厂化预制加工，节省材料，提高加工精度。

在西安地铁四号线OCC工程机电专业机房出入口和走廊交汇处，空间狭小，各专业管线集中交汇，需要在小空间内完成管线的排布。利用Revit软件对这些部位节点进行细化处理，并结合该节点的施工工艺对模型进行合理拆分，将拆分好的文件导入Navisworks中。在Navisworks中，将拆分的文件与相应的施工工艺进行对接，从而得到该节点的施工工艺模拟过程，对复杂节点和区域进行三维截图，结合现场施工情况，对节点工艺模拟进行分析，并利用此模型对工人进行交底。

（4）运用BIM技术进行机电专业综合管线排布及碰撞检测

西安地铁四号线OCC工程各专业管线纵横交错、纷繁复杂，而给排水、强弱电、暖通、消防等专业二维图纸又往往是分开设计的，这就造成了管线空间位置关系不直观、实际应用交底困难等问题。施工中对各专业机电模型进行整合，运用Revit软件建立三维模型进行综合管线排布，再运用Navisworks软件对综合后的机电模型进行碰撞检测。

（5）运用BIM技术进行方案施工模拟

西安地铁四号线OCC工程主体结构为钢筋混凝土现浇结构，采用轮扣式满堂脚手架作为支撑体系，其中中庭区域为高大模架支撑体系，搭设高度为18.5 m，该区域采用碗扣式脚手架作为支撑体系，工程量大，安全稳定性要求高。采用BIM技术绘制控制中心模板脚手架支撑体系进行施工模拟，提出安全可靠的施工方案。

（6）运用BIM 5D技术指导施工和项目管理

西安地铁四号线OCC工程存在工程结构多变、复杂节点较多、施工难度大、工期紧张、周边环境复杂等特点，通过应用广联达BIM 5D技术，以求实现项目施工质量安全管理、进度管理、成本管理、模拟施工管理等，总结经验，提高企业的施工技术水平和管理水平，提高企业核心竞争力。

西安地铁四号线OCC工程为框架剪力墙结构，二次砌体结构工程量巨大，用传统手算加施工经验的方法施工容易造成材料的浪费和增加补砖运输费用。运用BIM 5D技术对砌砖作精确排布，生成材料工程量，可有效节约成本，同时生成广泛应用的 CAD 图形，对工人进行交底，指导现场施工。

在西安地铁四号线 OCC 工程施工中，将施工现场发现的质量、安全等问题数据通过照片、音频的形式上传至云管理平台，集成现场施工管理各类数据信息，指导施工过程的质安管理。根据设计院提供的施工图纸，收集土建及机电专业的相关图纸，并将传统的二维设计图纸进行底图整理，然后通过链接的方式将二维施工图纸导入 Revit 软件中，进而对比绘制精确的三维建筑信息模型。各专业模型建立完成后，将模型图纸导入 Navisworks 中，结合施工制订进度计划，将施工关键线路与三维模型结合，以此为基础进行详尽的施工部署和进度模拟，并根据实际情况进行必要的调整与纠偏。形象展示施工过程，对重要的施工时间节点进行掌控，同时根据现场实际进度情况，结合 Project 优化组织工序。独有的建筑构件与进度计划实时关联的功能，使建筑模型能根据时间节点方便快捷地展示建筑物的建造过程，控制计划工期。

3. 关键技术

西安地铁四号线 OCC 工程的关键技术应用如下：

（1）运用广联达场地布置软件，建立了生活和施工区域的三维模型，对项目部临时驻地及施工区域进行了合理规划。结合 BIM 直观可视、考量全面的特点，解决了如办公地点安全距离、塔吊旋转半径、材料堆放和加工场地等设置难题，实现了在狭小场地的施工区域合理布置；运用广联达钢筋算量软件，绘制了钢筋的软件三维模型，生成钢筋下料单，实现了利用软件进行钢筋的算量、翻样、下料等工作，使算量、提量工作更加快速、准确，大大节省了人工翻样、算量的时间；运用 Revit 2016 软件构建了控制中心机电安装模型，对综合管线及地下室冷水机房设备与管线进行了综合排布。

（2）利用模型可自动进行工程量统计的特点，对控制中心工程进行工程量统计，并分部位、分构件显示工程量（尤其是复杂部位节点的工程量），与合同招标清单工程量进行三维对比量差，找出双方的差异，经过双方交流，最终确定了变更的工程数量，为项目挣得了合同外效益。

（3）控制中心大楼内部的走廊和各个房间各类专业管线错综复杂，原有的二维图纸各个专业冲突较多。运用 BIM 技术实现了对综合管线的优化布置，利用 Revit 软件绘制各专业管线三维模型，将各专业模型进行组合，对管线进行了综合排布。辅助 Navisworks 软件进行碰撞检测，对冲突位置进行优化调整，在满足各专业自身需求的情况下，保证了施工安全，减少了返工，大大降低了工程量，节约了成本。

（4）BIM 5D 的模拟施工，使信息三维模型与施工进度和经济效益相关联，形成 5D 管理。利用 BIM 5D 进行施工模拟：一是对模板、脚手架的施工模拟：① 对模板、脚手架的设置参数进行设计；② 提前模拟模板和脚手架的施工程序；③ 对模板及脚手架施工方案的适用性、安全性进行模拟、评估，使复杂节点的搭接变得可视化、简单化，同时也实现了模板、脚手架材料的周转利用最优化。二是对二次砌体结构施工进行模拟：对砌砖进行精确排布，生成材料工程量和 CAD 图形，指导施工，避免了材料的浪费，有效节约了施工成本。

（5）利用 BIM 5D 技术实现了项目进度、成本、安全质量管理。在进度管理方面，通过三维模型模拟配备人力资源，与实际施工进行有效比对：对超前滞后现象，模型自动进行不同颜色标注，从而动态掌控施工生产工效；在成本管理方面，在四维进度管理的基础上再引入成本，形成 BIM 5D 信息模型，对照模型进行“三算”挂接，施工中有效、动态地管控成本，及时进行纠偏；在安全质量管理方面，运用 BIM 5D 云平台技术进行安全质量管理，通过手机端将施工现场发现的质量、安全等问题数据上传平台，落实相关责任人即刻整改，整改后及时回复，闭合问题，对现场安全质量问题进行实时管控，实现了安全质量管理信息化、可视化，提高了管理水平；同时，通过 5D 平台大数据的收集，为类似项目提供相关管理经验。

4. 创新

西安地铁四号线 OCC 工程冷水机房空间有限，大型设备较多，管道复杂多样且管径较大，这不仅是设计的难题，狭小的空间操作环境更是给施工带来了极大的挑战。该项目运用 BIM 技术单独构建了冷水机房的三维信息模型，对机房的设备、管道进行了优化排布；同时，用 Rebro 软件自身的分割功能将管道系统划分为多个预制加工段，再对每个预制加工段进行配件定位、分段切割等，并在各管段标注详细尺寸，根据现场设计安装顺序；用 Rebro 软件对所有管道和配件进行自动编号；用 Rebro 软件自动生成带有编号的三维轴测图与带有下料尺寸表（管道长度及配件信息）的管道预制加工图，同时自动生成材料清单，将材料清单发送至加工厂家，最后将预制好的各部分管道运送至机房，现场拼装即可。运用管道预制加工技术实现了在狭小空间里复杂管道、设备的排布和施工。获得实用新型“一种管道焊接组队工装平台”专利一项，该管道焊接组队工装平台，实用性强，保证了管件拼装所要求的精度，避免了二次返工，提升了效率，减少了人工，节约了成本。

2.2 运用 BIM 技术进行场地布置

2.2.1 场地布置软件概述

施工场地布置，一次性投入的人力、物力、机械较多，多个工种穿插施工。为了确保施工场地内交通顺畅、施工安全和文明施工，减少现场材料的二次搬运以及避免现场环境的污染，应对现场平面进行科学合理的布置。

Glodon BIM 施工现场布置软件致力于为建筑工程行业技术人员打造施工现场三维仿真和施工模拟的专业轻量的 BIM 产品。它以广联达自主知识产权的三维工业图形技术为基础，内嵌数百种构件库，采用积木式布模的交互方式为广大技术人员提供简单高效的全新 BIM 产品。

广联达 BIM 施工现场布置软件是基于 BIM 技术真正用于建设项目全过程临建规划设计的三维软件，为施工技术人员提供从投标到施工阶段的现场布置设计产品，解决设计考虑不周全而带来的绘制慢、不直观、调整多等问题，以及环保、消防及安全隐患等问题。

2.2.2 场地布置应用

首先，项目部组织专业人员对生活办公区和施工区进行规划面积量测，并使用 CAD 绘制临建及施工区的平面布置图。然后，这些 CAD 图纸将被导入广联达场地布置软件，通过简单的拖拽和建模步骤，建立矢量或高清的仿真模型。该软件还提供了贴图功能，使用者能够自由设计三维模型并自动计算临建工程量，简化了现场场地设施规划工作。

考虑到本项目位于航天基地车辆段内部，东面、北面与中铁十二局车辆段工地接壤，南面紧邻中铁五局明挖区间，场地空间有限，周边环境复杂，项目部决定运用广联达场地布置软件，对办公区、生活区和施工区进行科学合理的布置。项目部将根据工程进展适时调整施工总平面布置，优化塔吊位置、施工道路和场地规划，以减少运输费用和二次搬运。同时，临时驻地布置将遵循安全文明施工和环境保护等要求，确保施工工作的顺利进行。

场地布置三维视图如图 2.2-1 所示。

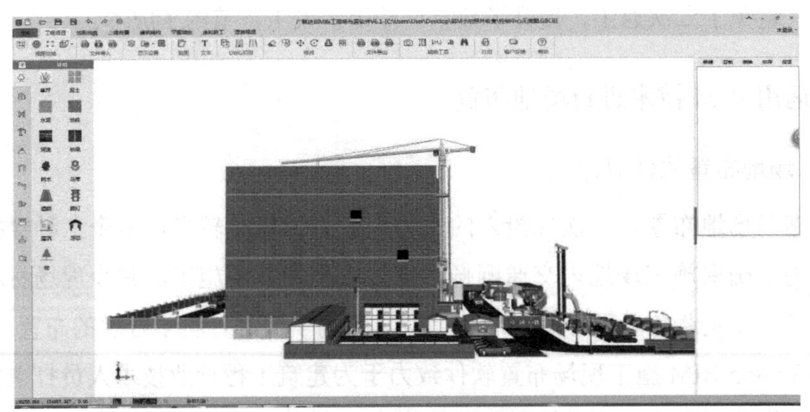

图 2.2-1　场地布置三维视图

2.3 建三维模型计算工程量和图形对比量差技术研究

2.3.1 基于参数化的三维建模

参数化设计是 BIM 的核心特征。工程技术人员可以通过定义参数值及参数关系，在不同的参数间施加一定的能被系统自动维护的约束，从而创建结构形体，形成关联或连接，以此来处理空间的关系。

传统 CAD 技术是一种基于二维绘图的设计方法，其主要特征是采用图形用户界面（Graphical User Interface，GUI）进行交互式设计。可以通过绘制二维图形、标注尺寸、添加文字注释等方式来完成设计。传统 CAD 技术的优点是操作简单、易于上手，适用于一些简单的设计任务。然而，它需要工程师手绘图形，并且采用固定的尺寸值定义几何元素，输入的每一个元素都有确定的位置，如果要进行修改则需要删除原有的几何元素并重新绘制，因此设计效率、设计精度和设计灵活性都有所不足。

参数化设计通常是指软件设计者为图形设计及修改提供一个软件环境，

工程技术人员可以根据实际需求调整模型的结构和性能参数，以获得最佳的设计方案。参数化设计的目的是通过尺寸驱动方式在设计或绘图状态下灵活地修改图形，方便设计，提高设计效率。参数化设计以参数为驱动，通过调整参数来改变模型的结构和性能，从而实现产品的快速、高效、精准设计。此外，参数化设计还可以通过模拟实验等方式预测设计方案的实际效果，从而为实际生产提供可靠的数据支持。参数化设计可以使得产品设计根据相关参数的修改和使用环境的变化而自动改变，因而可以极大地提高建模的效率。

参数化设计具有高度的灵活性和可扩展性，可以支持各种创新性的设计方案。此外，参数化设计还可以与其他设计工具和方法相结合，形成更加完善的设计体系，为设计创新提供更加全面和有效的支持。

2.3.2 基于特征的参数化建模的优点

1. 参数化建模技术特点

参数化设计通过相关参数的修改和使用环境的变化，使得产品设计能够自动适应这些变化。这意味着工程技术人员不再需要反复删除和重新绘制元素，可以大大提高建模的效率。

参数化设计的核心在于通过尺寸驱动方式，在设计或绘图状态下灵活地修改图形。参数化设计为图形设计及修改提供了一个软件环境，使工程技术人员在这个环境下所绘制的任意图形可以被参数化，修改图中的任一尺寸，均可实现尺寸驱动，引起相关图形的改变。同时，系统通常还预先设置了一些常用的几何图形约束，这些约束可以确保设计的准确性和一致性，同时也有助于减少设计错误和提高设计效率。

参数化设计的主要技术特点包括基于特征的设计、全尺寸约束、尺寸驱动设计修改和全数据相关。基于特征的设计意味着工程技术人员可以通过定义和修改特征来创建和修改产品，全尺寸约束则确保设计元素之间保持一致性和准确性，尺寸驱动设计修改允许工程技术人员通过修改尺寸来快速调整设计，而全数据相关则确保设计的各个部分都保持同步和一致。

参数化设计特别适用于相对稳定、成熟的零配件和系列化的产品行业。此外，参数化设计还能较好地支持类比设计和变形设计，即在原有产品或零件的基础上只需要改变一些关键尺寸就可以得到新的系列化设计结果。如模具制造行业，模具除了零件成形部位外，其他零部件的形状改变很少，通常只需要采用类比设计或改变一些关键尺寸就可以得到新的系列化设计结果。

2. 基于特征的参数化建模优点

（1）在现代产品设计和制造领域，基于特征的造型方法已成为一种主流的设计思想。基于特征的造型方法不仅强调产品的技术和管理信息的表达，更在最终产品上保留了各功能要素的原始定义和相互依赖关系。这样使得传统设计中的成套图纸和技术文档可以被统一的新产品模型所替代，使新产品设计和生产准备的各环节得以并行展开。

（2）在产品特征建模中，基准点、中心线局部坐标系和突出面等要素的引入，为工程技术人员提供了在三维物体之外处理孤立点、线、面的能力。在某些基于特征的参数化建模系统中引入非正则物体集合，进一步扩展了拓扑操作的范围，使得工程技术人员能够处理更加复杂的产品形态。

（3）基于特征的参数化设计是在更高的应用层次上进行的，操作对象不再是实体造型所采用的原始线条体素，而是直接关联产品设计意图的功能形素，如尺寸可变的圆台、凸台旋转、扫描体等。特征的引入直接体现了工程技术人员的意图，使得产品模型易理解，节省设计时间。

（4）使用基于特征的参数化造型技术，有助于推动产品设计工艺的规范化、标准化和系列化发展。通过统一的产品模型，工程技术人员可以更加便捷地开展产品设计、工艺规划、生产准备等环节的工作。这种方法可以为设计、制造及生产管理提供更全面的服务，是实现智能 CAD 系统和智能制造系统的必要条件，也是现代产品设计和制造领域不可或缺的工具。

2.3.3 参数化建模中的特征表达

基于特征的设计，强调利用预定义的特征进行零件设计，预先将大量的标准特征或用户自定义特征存储在特征库，在设计阶段就调入特征库中的特征，将之作为基本造型单元进行造型，再逐步输入几何信息、非几何信息，建立零件的特征数据模型，并将其存入数据库。基于特征的设计核心在于特征库，因此在参数化设计过程中，特征的表达尤为重要。参数化设计允许工程技术人员通过调整参数来快速生成多种设计方案，从而优化零件的性能和降低成本。特征的准确表达是参数化设计的基础，只有当特征被清晰、准确地定义和描述时，设计师才能通过调整参数来有效地探索不同的设计方案。

2.3.4 参数化建模过程

将参数化技术应用到土建模型的创建中，其主要步骤如下：

第一步，提取特征参数，建立参数模型。根据图纸要求的构件尺寸、钢筋型号、规格、排布方式、搭接长度、保护层厚度等特征值，将其进行分类、筛选、分析，最终得到可以表达结构各方面特征的参数模型。

第二步，在图形软件中建立图形元素。此时，模型只反映模型形状类型，具体几何尺寸并不精确。

第三步，根据所建立的参数模型，在软件平台中设立参数，并给图形元素建立参数约束和约束方程，后续需修改参数值，从而获取尺寸精确的三维模型。

2.3.5 钢筋模型的建立和应用

西安地铁四号线 OCC 工程选用 BIM 广联达钢筋算量软件（GGJ）建立钢筋三维模型。模型展示如图 2.3-1 所示。广联达 BIM 钢筋算量软件是广联达自主图形平台研发的一款基于 BIM 技术的算量软件，无须安装 CAD 即可运行，同时内置工程结构相关规范和平法标准图集。软件通过三维绘图、BIM 结构设计模型导入、二维 CAD 图纸识别等多种方式建立 BIM 钢筋算量模型，整体考虑构件之间钢筋内部的扣减关系及竖向构件上下层钢筋的搭接情况；同时，提供表格输入功能辅助钢筋工程量计算，替代手工钢筋预算，解决手工预算时遇到的“平法规则不熟悉、时间紧、易出错、效率低、变更多、统计繁”问题。

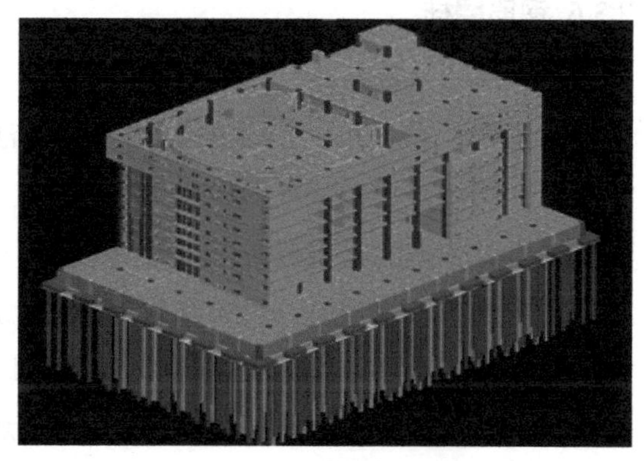

图 2.3-1　钢筋三维模型

广联达 BIM 钢筋算量软件是市面上唯一一款全面处理 11G 新平法规则及

高强钢筋的算量软件，其内置国家规范和11G、03G、00G系列平法规则及常用施工做法，工程技术人员无须记忆和翻阅规范；提供空心楼盖模块，响应国家规范推广行业新工艺；采用国际领先、具有自主知识产权的BIM三维建模平台，计算结果准确，同时生成各构件的BIM钢筋模型。三维建模和CAD图纸识别技术、导入设计阶段的BIM结构模型，能够快速完成BIM算量模型的建立及钢筋计算，全面取代手工算量。根据图纸特点和工程中的构件关系，提供自动生成系列功能，绘图更高效、更智能；全构件钢筋三维显示符合实际现场的钢筋排布，与计算结果联动，算得明白；截面配筋法，灵活处理各种复杂柱大样及零星构件；提供多种提量功能，并内置不同种类的报表，满足不同工种查量需求。

云应用挖掘工程造价大数据价值：计算快速，一键自动快速计算常用指标数据；区间审核，当前工程指标与云经验区间的对比一目了然；数据积累，不断积累个人及企业业务数据。

2.3.6 钢筋翻样

1. 传统的钢筋翻样

平法是一种科学、简洁的结构设计方法，是对传统设计方法的一次深刻变革。平法是规范规程的应用细则延伸，是规范的具体化和细化。平法钢筋构造设计依据的是混凝土等级设计规范，平法处于规范之下，平法不能脱离和突破规范。平法是一种参考性的方法，是设计过程与施工过程为一个完整的主系统。主系统由多个子系统构成：基础结构、柱结构、墙结构、梁结构、板结构。各子系统有明确的层次性、关联性。（1）层次性：基础、柱、墙、梁、板，均为完整的子系统。（2）关联性：柱、墙以基础为支座——柱、墙与基础关联，梁以柱为支座——梁与柱关联，板以梁为支座——板与梁关联。

2. 传统钢筋翻样的不足

（1）传统钢筋翻样由于理论、经验、知识的局限，计算结果会产生极大偏差。

（2）传统钢筋计算得不够精确。

（3）钢筋翻样的全部信息在钢筋文件中集成所有工程图纸与变更以及施

工过程中增补和核减的信息，不能确保不丢失，且每一数字都有来历。

3. 基于 BIM 技术的钢筋翻样和工程量计算

运用广联达 BIM 钢筋算量软件绘制轴网，导入 CAD 二维图纸，并进行精确定位，通过软件自身构件识别和提取参数功能，可方便快速提取各构件的参数，从而逐层生成各构件的参数化模型；利用设定的标高进行衔接，将各层模型进行组合，得到整栋建筑的三维模型。将广联达 BIM 钢筋算量软件建立的三维模型导入广联达土建算量软件，可计算出混凝土工程量。通过汇总计算后，可自由查看各构件、各楼层、各型号的钢筋工程量。选择钢筋明细表，可查看详细的计算式和钢筋排布方式，为工程技术人员的算量、提量工作提供了依据。在有设计变更的情况下，不用大量返工，只需修改设计变更的位置，其余参数就会随之变动。同时，可生成电子料单，指导作业人员的下料工作，提高了下料工作的准确性，减少了材料的浪费，节约了成本。

4. 基于广联达 BIM 钢筋算量和云翻样的优点

云翻样是简易翻样表和翻样软件的合并，并且云翻样中增加了构件法输入，可直接将图纸导入软件，识别后，生成料单。翻样软件新建时，需要打开云翻样软件，点击建模输入，直接进入翻样软件。用翻样软件做出来的工程，可在翻样明细中点击同步构件到云翻样，选择需要同步的构件，直接移入；也可直接打开云翻样，点击导入建模工程，直接移入需要的构件。平面建模如图 2.3-2 所示。

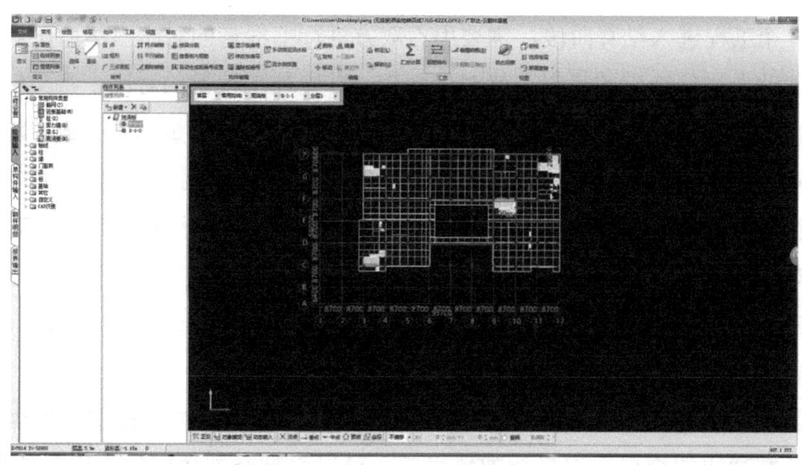

图 2.3-2　钢筋平面建模图

传统手工料单，随意性大，不规范，且由于现场施工较多人员使用，容易造成破坏、追溯性差等问题，同时也很容易造成下料误差，浪费材料。利用广联达 BIM 钢筋算量和云翻样软件，快速建模后，得到钢筋翻样的标准，现场根据上述的施工方法进行施工，解决了人工手动翻样工程量大且复杂的难题，并且对于现场施工的变更可在软件中进行更改，得到一系列连锁更变，大大提高了工作效率。传统手工料单和电子料单对比如图 2.3-3 所示。

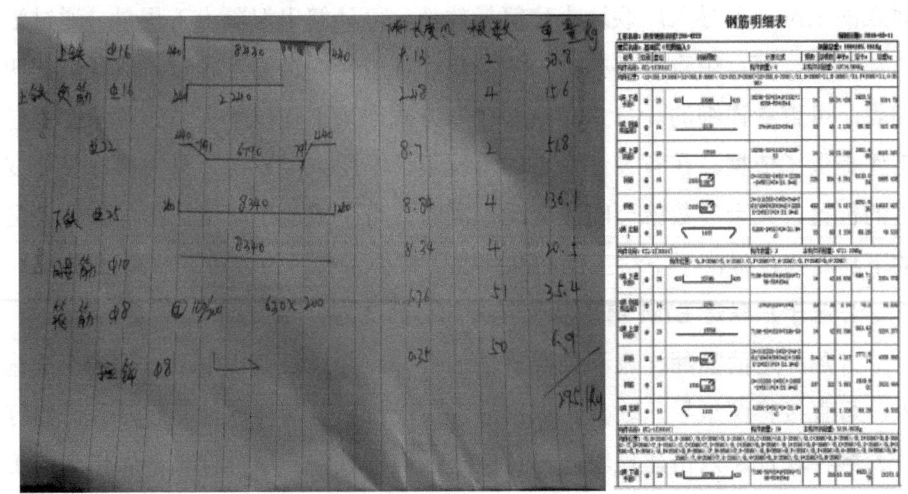

图 2.3-3　传统手工料单和电子料单对比图

2.3.7 图形对比量差

1. 三维图形对量的由来

一个工程进入结算阶段，需要甲乙双方进行工程量的对比，然后在对量结果的基础上进行造价的确定。就对量而言，首先是工程量的对比。将构件进行分类，如墙、梁、板、柱、基础等。如果每类构件的工程量基本一致，就可以结束对量，进入价格确定阶段。如果构件的工程总量不一致，那就要对各个楼层进行对比分析，楼层工程量基本一致的楼层即可结束对量。3D 图形对量专门针对楼层信息工程量差异比较大的楼层，从总量到分量，从整体到局部。

2. 三维图形对量的方法

首先，导入要对量的两个模型文件。

其次，进行整个工程量的做法统计，这样就可以通过全楼层查看做法工程量。在弹出的窗口上选择全部楼层后，可以看到全部楼层的工程量信息。

最后，通过对比量差，找到双方的差异，然后双方进行交流，确定最终方量的结果。如图 2.3-4、图 2.3-5、图 2.3-6 所示，通过三维图形可视化的表达，给人一种更为直接的立体感，并且通过对量可将图形上错画、漏画的展示出来，方便在后期施工中作更改。在西安地铁四号线 OCC 工程还未开工之前就模拟建立了一次，发现了建造中的重难点及节点。针对工程的重难点，编制更为确切的可实施方案，使工作人员在后期工作中尽可能地避免出现返工、浪费工时、损耗材料等重大问题，从而大大提升了工程的质量和进度，节省了人力、物力、财力。

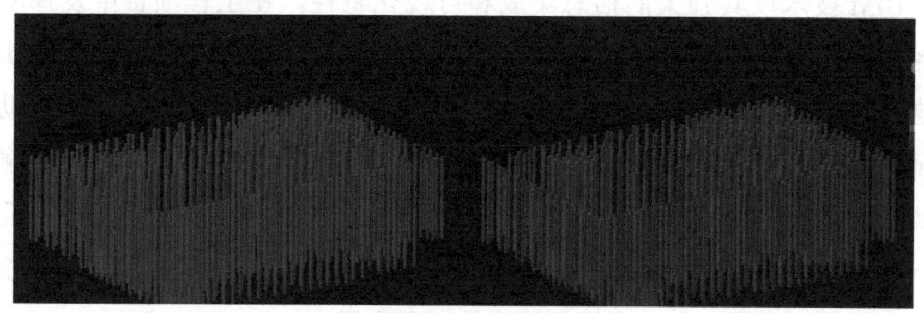

图 2.3-4　基础层

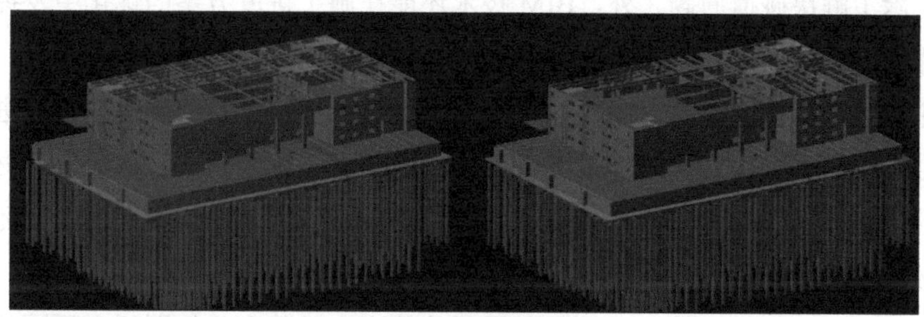

图 2.3-5　第四层

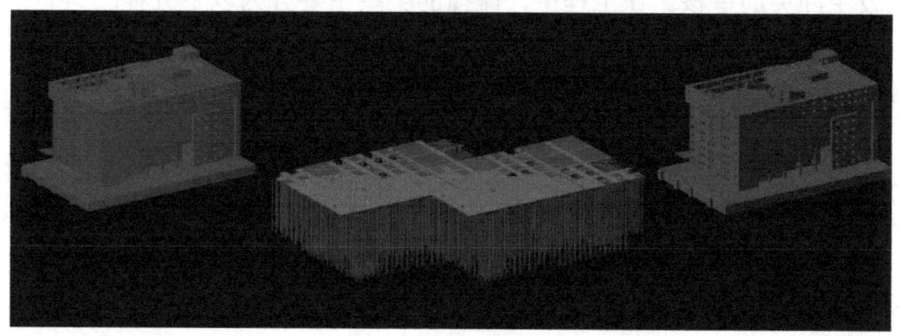

图 2.3-6　模型对量展示图

2.4 基于BIM技术的综合碰撞技术研究

随着现代建筑业的快速发展，工程项目的规模和复杂程度不断提升，施工过程中所面临的挑战也愈发严峻。其中，大量碰撞问题和施工进度方案的不确定性因素成了制约项目顺利进行的重要因素。这些问题不仅导致资源浪费，而且增加了施工成本和风险。为了有效应对这些挑战，越来越多的工程项目开始引入BIM技术，以期在施工中更高效地解决碰撞问题和优化施工进度方案。

BIM技术以其强大的信息集成和可视化特性，在工程项目中发挥着越来越重要的作用。通过构建三维模型，BIM技术能够准确模拟建筑物的实际状态，为项目各方提供全面的信息支持。在施工阶段，BIM技术能够帮助工程师和施工人员更准确地识别和解决不同专业设计间的碰撞问题。这种碰撞检查不仅局限于建筑结构本身，还包括了机电、给排水、暖通等多个专业领域。通过BIM技术的碰撞检测功能，可以及时发现设计中的问题，减少施工过程中的变更和返工，从而提高施工效率和质量。

除了解决碰撞问题之外，BIM技术还能在施工进度方案的优化中发挥巨大作用。传统的施工进度方案往往难以准确预测施工过程中的各种变化，导致进度延误和资源浪费。BIM技术可以通过施工模拟，对施工进度方案进行精细化管理。在模拟过程中，可以充分考虑各种不确定因素，如天气、材料供应等，对施工进度进行动态调整。这样不仅可以提高施工的准确性，还能有效减少资源浪费，降低施工成本。

碰撞检查是指在施工开始前对图纸的检查，对整个建筑图纸中不同部位之间发生冲突的审核。在工程中，碰撞的类型主要分为以下五种：

（1）硬碰撞是指两个实体间有位置交集，即下文中的有效碰撞。

（2）软碰撞是指两个物体间发生直接交叉和碰撞，但是这种交叉和碰撞在一定范围内是允许的。

（3）间隙碰撞是指两个构件物理上并没有发生碰撞，但是它们的间距小于一定值而不满足所要求的碰撞。常见的间隙碰撞主要发生在管道碰撞，因为在安装管道的时候，如果间隙太小，会不便于安装和以后的维修。

（4）副本碰撞是现如指两个完全相同的构件在空间内完全重合。这种情况一般很少出现，只在涉及比较严谨的计算时，例如钢筋、水泥量计算时需要用到，可避免因重复计算而增加成本。

（5）无效碰撞是在建模时由于模型精度不够造成的，不是真实的碰撞。

2.4.1 管线综合概述

管线综合，简而言之，就是对一定范围内的各种工程管线进行统一的规划和管理，包括给排水管道、供配电线路、热力管道等关键设施。通过管线综合，我们能够有效地解决管线施工中的矛盾，优化各单项工程管线的位置，确保它们在建筑空间中占据合理的位置。这不仅有利于管线工程的施工、运行使用，还能为管理维护创造更为有利的条件。管线综合的范围广泛，小到构筑物内部，大到整个城市的地下管线布局，都是其关注的重点。

管线综合的作用和价值主要体现在以下几个方面。

1. 深入剖析，解决问题

通过各单项工程管线系统规划所作的调查研究，管线综合能够深入剖析各单项工程管线的现状和发展前景。这有助于抓住主要矛盾和问题症结所在，进而制定具有针对性的对策和措施。这种深入剖析和解决问题的过程，是管线综合不可或缺的一部分。

2. 合理布局，提供指导

管线综合能够合理布局空间内各工程管线及其附属设施，为各单项工程管线的实施提供指导。这不仅有助于有计划地改造、完善现有的工程管线及其附属设施，还能最大限度地利用这些设施，预留和控制规划的工程管线建设用地和空间环境。这种布局和指导，使得管线建设更加有序、高效。

3. 协调建设，确保安全

管线综合工作有助于协调基础设施建设，合理利用有限的空间。通过优化管线布局，可以确保各工程管线安全畅通，避免因管线冲突或位置不当而造成的安全隐患。这种协调建设和确保安全的作用，使得管线综合成为城市基础设施建设中不可或缺的一环。

4. 具体布置，指导施工

管线综合不仅为工程管网及其附属设施作出了具体的布置与定位，还为各单项工程管线设计提供了依据。这使得工程管线的施工建设有了明确的方向和标准，有效地指导了施工建设和建成后的管理维护工作。

很多专家和技术人员将管线综合进一步诠释为管线综合布置技术。确实，管线综合不仅仅是一种管理方法，更是一种技术手段。通过运用先进的技术和方法，可以更好地进行管线综合工作，为城市地下空间的优化和高效利用提供有力支持。

总的来说，管线综合是优化城市地下空间布局的关键技术。通过深入剖析、合理布局、协调建设和具体布置等手段，我们能够有效地解决管线施工中的矛盾和问题，确保各工程管线安全畅通。这为城市基础设施建设的顺利进行和城市的可持续发展提供了有力保障。

2.4.2 管线综合布置的技术特点

管线综合布置技术是通过计算机辅助制图（BIM 技术目前是最有效手段）在施工前对各种管线工程进行模拟，得到施工完成后的管线排布情况。通过这种技术，施工单位可以在未施工前先根据施工图纸在计算机上进行图纸“预装配”。“预装配”可以直观地反映出设计图纸上的问题，尤其是发现在施工中各专业之间设备管线的位置冲突和标高重叠。

根据模拟结果，结合原有设计图纸的规格和走向，进行综合考虑后，施工单位再对施工图纸进行深化，从而达到实际施工图纸深度。应用管线综合布置技术可极大地避免机电安装工程中存在的各种专业管线安装标高重叠、位置冲突等问题，不仅可以控制各专业和分包的施工顺序、减少返工，还可以控制工程的施工质量与成本。

管线综合布置技术具有如下技术特点。

1. 快速完善施工详图设计和节点设计

应用管线综合布置技术可以使各专业的施工单位和人员提前审图并熟悉图纸。通过这一过程，施工人员可了解设计意图，掌握管道内的传输介质及特点；清楚管道的材质、直径和截面大小，强电线缆与线槽（架、管）的规格、型号，以及弱电系统的敷设要求；明确各楼层净高，管线安装敷设的位置和有吊顶时能够使用的宽度及高度，管道井的平面位置及尺寸；特别要注意风管的截面尺寸、位置，保温管道厚度及间距要求，无压管道坡度，强弱电桥架的间距等。

2. 控制各专业或各分包的施工工序

管线综合布置技术是在未施工前根据施工图纸进行图纸“预装配”，通过“预装配”的过程，把各专业未来施工中的交汇问题全部暴露出来并提前解决，为将来工程施工组织与管理打下良好基础。施工中可以合理安排、调整各专业或各分包的施工工序，有利于穿插施工。

3. 预先核算、计算、合理选用综合支吊架

在实现机电工程总包的前提下，应用管线综合布置技术，可以做到合理选用综合支吊架。机电总包可以统筹安排各个专业施工，而综合支吊架的最大优点就是不同专业的管线使用一个综合支吊架，从而减少支架的使用量，合理利用建筑物空间，同时降低了施工成本。只有采用管线综合布置技术才能更好地进行综合支吊架的预先核算、计算和选择。

4. 施工动态控制

图纸制作、处理、审核全在现场进行，与机电工程有关的管理及施工人员（业主、监理、总包、劳务分包等）均可通过管线综合布置技术对图纸所涉及的专业内容（各专业综合图、机电样板报审图、土建交接图、方案附图、洽商附图、报验图及工程管理用图等）进行合理调整，及时掌握图纸的变更状况并进行合理调整，实现施工动态控制。

2.4.3 管线综合的设计原则

建筑过程中，管线工程综合布置要做到安全、合理、经济、实用，应有一个较为科学的原则。同时，在保证工艺要求和使用要求的基础上还应做到节约投资。因此，根据管线施工经验并结合各类文献参考，在进行多系统综合管线布置时，应坚持以下原则：

（1）综合管线让结构；

（2）桥架让风管（强电、动力桥架除外）；

（3）小管让大管；

（4）有压管让无压管；

（5）无保温管让保温管；

（6）价值低的让价值高的；

（7）电气管线尽可能低于水管上方布置；

（8）兼顾排布整体合理性；

（9）考虑后期支架设置。

2.4.4 管线综合布置技术流程

1. 文件夹的创建

每个 BIM 工程师应该有自己专属的 BIM 文件夹，每个项目都应有相应的文件夹，如图 2.4-1 所示。

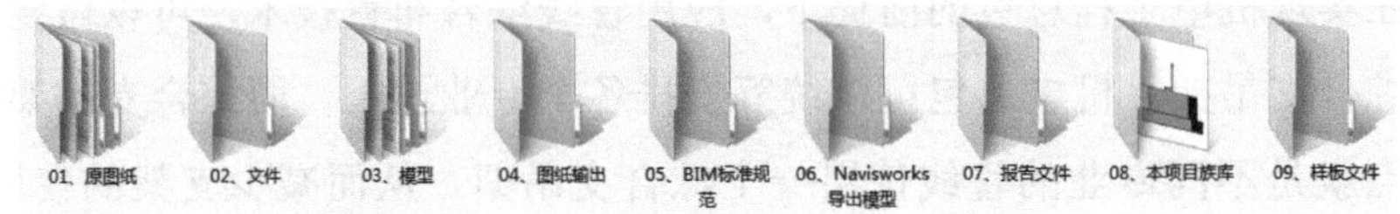

图 2.4-1　文件夹示意图

2. 图纸收集

由 BIM 专业负责人收集图纸，放在“01 原图纸”文件夹中，以日期时间命名，如图 2.4-2 所示，并填写“附表 1_ 图纸目录确认表”。

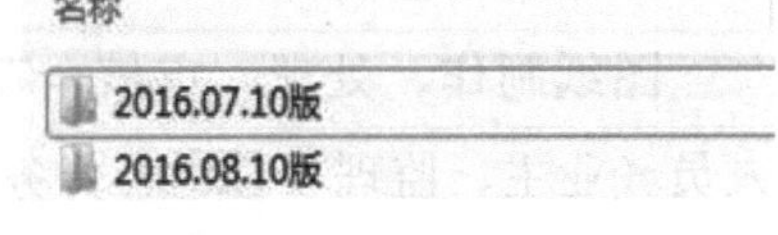

图 2.4-2　版本命名示意图

3. 图纸会审

由 BIM 专业负责人组织进行图纸会审，土建专业方面填写“土建图纸会审表”，机电专业方面填写“机电图纸会审表”。

4. 工作任务分工

通过图纸会审结果，掌握项目基本情况后，由 BIM 专业负责人根据各人情况分配工作任务，填写“BIM 任务分工表”。

5. 项目样板的创建

BIM 专业负责人根据公司项目样板创建该项目样板，样板包括图纸会审中基本构建的创建规则及标高轴网。标高轴网先由土建专业完成，机电专业先链接土建项目样板再创建标高轴网。

标高的建立包括建筑标高和结构标高，其命名规则如下：

FL_ 楼层（建筑） SL_ 楼层（结构），如：FL_1F　SL_1F。

6. 项目模型的创建

项目模型命名规则如下：

土建专业：TJ_2F_A 至 B/2 至 3。

机电专业：JD_2F_A 至 B/2 至 3。

视图命名规则如下：

土建专业：应有结构平面和楼层平面，其中结构平面规程为“结构”，命名为 SL_ 楼层；楼层平面规程为“协调”，命名为 FL_ 楼层，如图 2.4-3 所示。

机电专业：项目浏览器以子规程排布，平面视图创建用楼层平面，子规程用专业命名，命名规则为 -1F_ 专业，如图 2.4-4 所示。

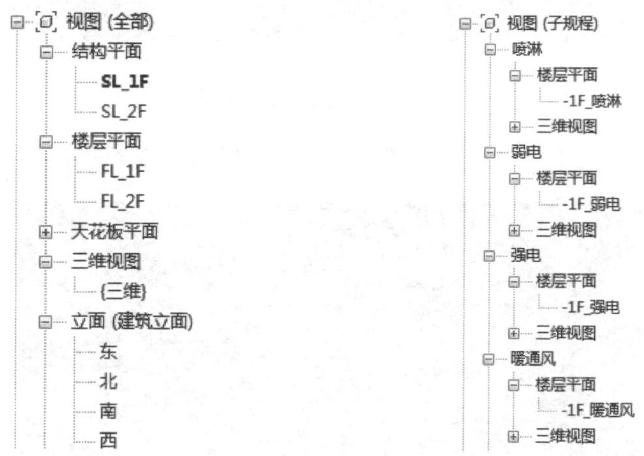

图 2.4-3　视图命名规则：土建专业　　**图 2.4-4　视图命名规则：机电专业**

以一层为例，展示三维模型图，如图 2.4-5—图 2.4-11 所示。

图 2.4-5　一层喷淋三维图

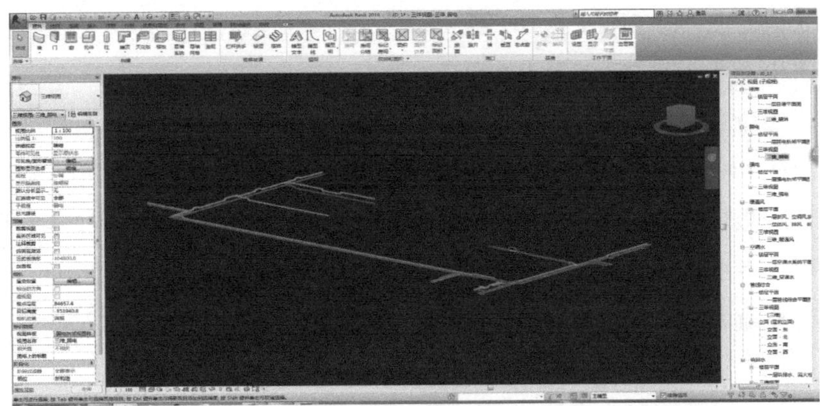

图 2.4-6　一层弱电三维图

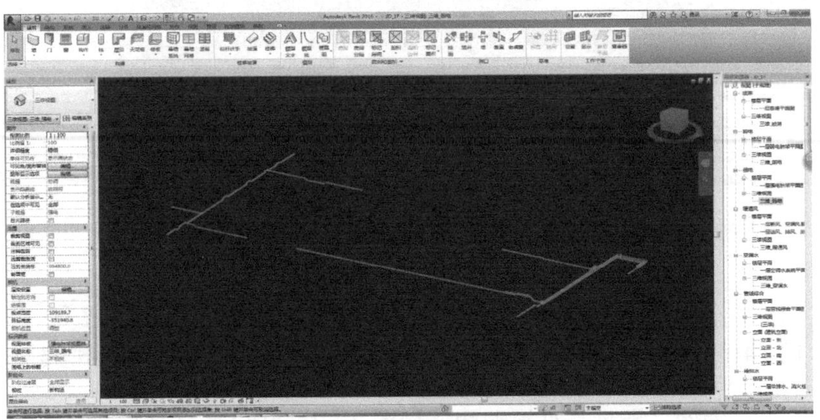

图 2.4-7　一层强电三维图

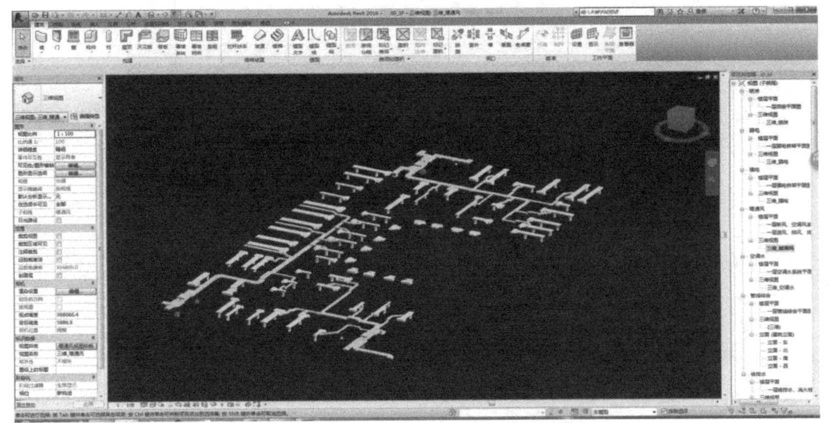

图 2.4-8　一层暖通风三维图

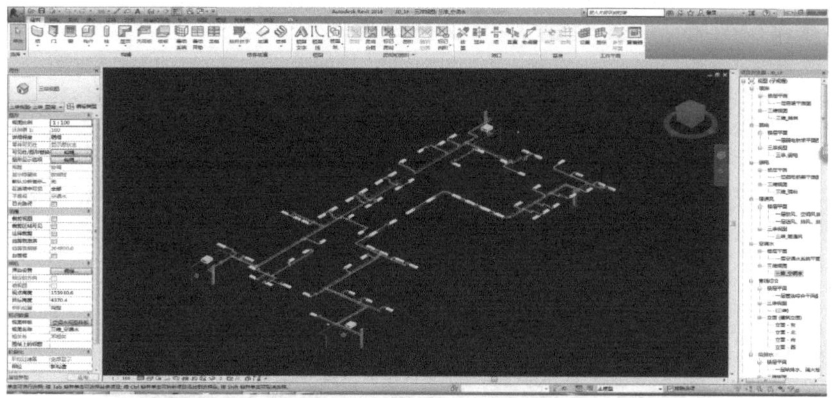

图 2.4-9 一层空调水三维图

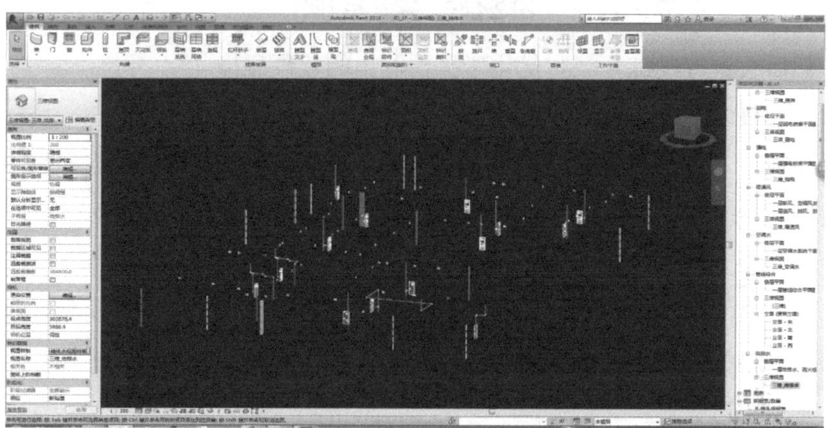

图 2.4-10 一层给排水三维图

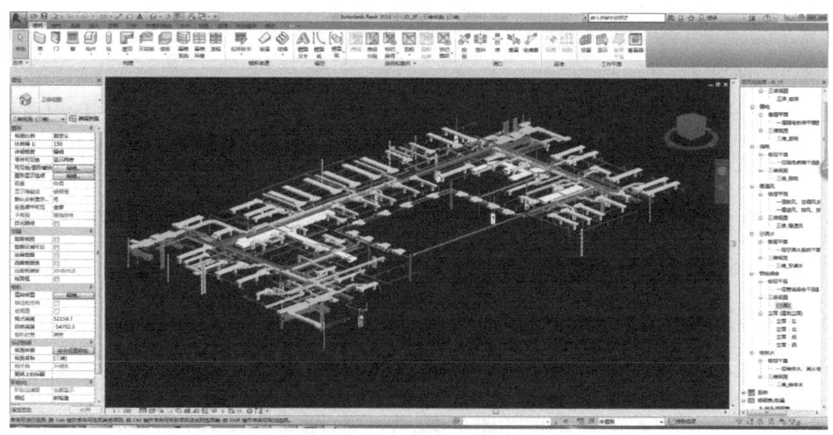

图 2.4-11 一层管线综合三维图

根据模型进行碰撞检测，如图 2.4-12 所示。

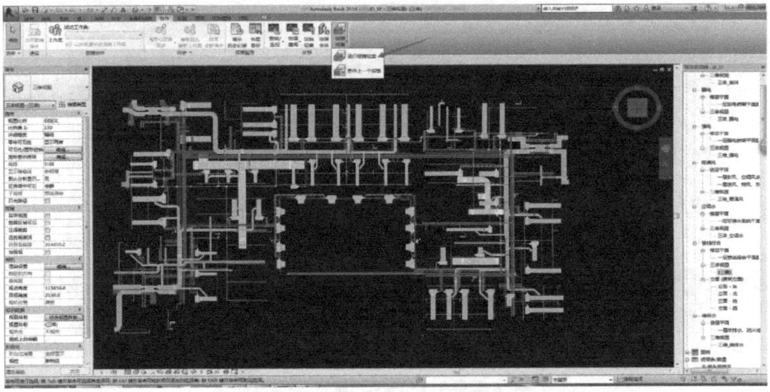

图 2.4-12　碰撞运行图

然后根据管线综合规则优化碰撞检测出的软硬碰撞。

7. 管线综合排布系统颜色规定

在前期，对机电各专业系统缩写的命名及颜色进行规定，以使后期模型具有统一性。

8. 综合支吊架的设计

通过 BIM 技术对管线综合进行排布后，对管线进行综合支吊架的计算，以保证支吊架的可靠性和经济性。

管道重量计算：

（1）保温管道：按设计管架间距内的管道自重、满管水重、60 mm 厚度保温层重及以上三项之和的 10%（附加重量）计算，保温材料容重按岩棉 100 kg/m³ 计算。

（2）不保温管道：按设计管架间距内的管道自重、满管水重及以上两项之和的 10%（附加重量）计算。

（3）各种管架间距管重均未计入阀门重量，当管架中有阀门时，在阀门段应采取加强措施。

2.4.5 BIM 施工图纸输出

管线综合排布完成后，直接在 Revit 软件中对各专业图纸进行标注，完成后导出单专业的 CAD 平面图纸及综合平面图（图 2.4-13）、复杂截面的剖面图（图 2.4-14）。

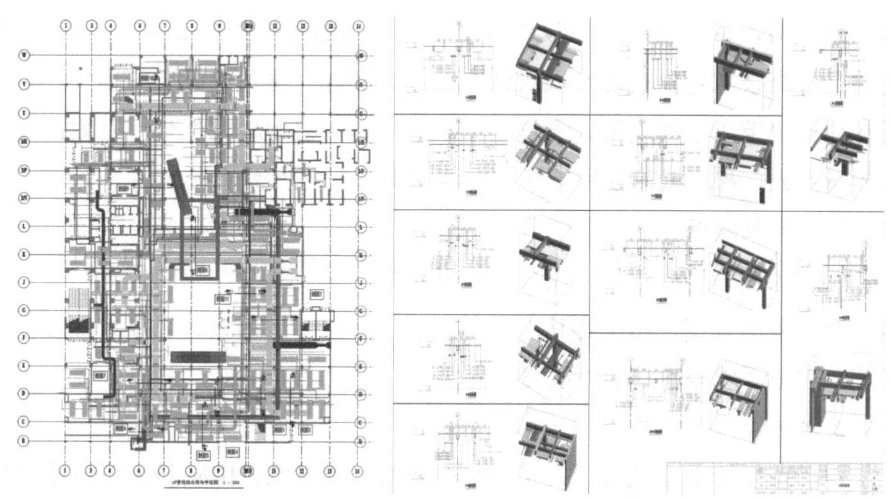

图 2.4-13　综合平面图　　　　图 2.4-14　复杂截面的剖面图

2.4.6 可视化技术交底

在复杂的工程中向工人技术交底时往往难以让工人理解技术要求，但是模型就可以让工人直观地知道自己将要完成的部分是什么样，有哪些要求。可视化交底如图 2.4-15 所示。

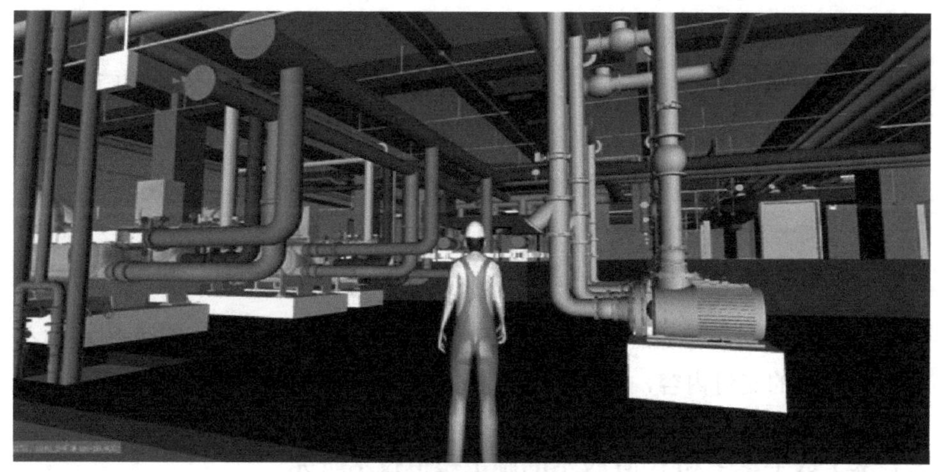

图 2.4-15　可视化交底示意图

2.4.7 基于 BIM 技术的管线综合排布研究成果

BIM 技术在地铁控制中心的应用，在软件构建三维模型的基础上进行碰撞检测模拟，模拟出管线布设中多个专业之间的碰撞冲突 27 处。应用 BIM 的碰撞检测技术可以提前发现设计中的冲突问题，避免不必要的损失，提高设计质量，节约工程资源。通过采取改进措施可实现模型优化，有效提高施工质量及人、材、机的使用效率，减少了不必要的资源浪费。

1. 三维轴测图

三维轴测图可以更好地展现管线及桥架的系统划分与空间位置，甚至通过各个专业的轴测图纸能够让非专业人员了解该专业的设计思路。综合轴测图充分展现了整座建筑的管线复杂程度。

2. 非专业人员视角

对于业主等非专业设计人员对平面图纸并不熟悉，BIM 技术可以实现模型漫游、截取视图或录制视频，通过数字设计、施工模型，使人们更加真切地了解未来实体化工程各领域的情况。

创建 BIM 的最终目的是降低沟通成本，提高工作效率，将复杂的程序代码、专业术语以形象可视化的方式展示出来。

3. 相关标准

BIM 专业设计、施工、运维软件的发展以及对标准的支持非常重要。一方面，BIM 专业软件多集中在建筑和设备相关的专业，隧道及地下工程中很多专业还没有 BIM 软件；另一方面，有实力占市场主导地位的软件厂商对开放标准的支持不积极，对隧道及地下工程专业设计软件的开发支持力度也较弱。没有软件的支持，BIM 标准很难落地应用。

4. 人员组织

BIM 创建过程中，期望有更多专业人员参与，建立设计、施工过程反馈体系，通过不同角色技术人员的努力使 BIM 落地，尤其是将 BIM 构建纳入设计对施工的交付内容，在未施工前先完成数字化的模拟施工。

2.5 基于数字孪生和 BIM 技术的施工模拟技术研究

2.5.1 基于 BIM 技术的模架拼接施工模拟

1. 搭设区域设计概况

搭设区域设计相关参数如表 2.5-1 所示。

表 2.5-1　搭设区域设计相关参数

序号	楼层	搭设部位	搭设区域尺寸（长 × 宽）/m	搭设区域面积 /m^2	搭设高度 /m	最大梁截面尺寸 /mm	板厚 / mm	跨度 / mm
1	结构一层	入口前厅	25.1×9.4	236 m^2	14.3	400 ×950	120	8 700
2	结构二层	中庭	21.5×12.7	273 m^2	18.5	400 ×950	120	8 700

2. 支撑体系设计理念

根据工程需要，并且结合 BIM 技术，在保障安全可靠的前提下，梁与板整体支撑体系设计的一般原则是：立杆步距要一致，便于统一搭设；立杆纵或横距一致，便于立杆通过横杆能够保证有效的拉结，成为一个整体支撑体系；梁底附加小横杆及梁底增加承重立杆，构造要求规范设置，保证整体的稳定性及安全性。

西安地铁四号线 OCC 工程结合市场环境、施工图纸及现场条件，决定采用扣件式钢管脚手架作为本工程高支模区域支撑体系。

为保证支撑体系安全可靠，保证施工安全系数，工程计算选用构件及材料均考虑最不利情况。

材料的选用与计算比较如下：

（1）钢管：实际投入使用材料为复检合格的 ϕ48 mm×3.2 mm 轮扣式钢管脚手架，实际计算设计参数取值均为 ϕ48 mm×3.0 mm 轮扣式钢管脚手架。

（2）模板：模板实际使用为 1.83 m×0.915 m×15 mm 及 2.44 m×1.22 m×15 mm 的覆面木胶合板，而计算取值除地下室挡土墙外，均采用 12 mm 厚覆面木胶合板。

3. 脚手架搭设参数设计

（1）脚手架设计参数

表 2.5-2　脚手架设计参数

构件名称	层高 /m	板厚 /mm	立杆纵向间距 /m	立杆横向间距 /m	主楞（钢管）布置方向	水平杆步距 /m	次楞（木方）间距 /mm	主楞（钢管）合并根数
B1	5.3	180	1.2	1.2	垂直长边	1.2	200	2
B2	5.9	120	1.2	1.2	垂直长边	1.2	200	2

（2）梁模板支撑设计参数

表 2.5-3　梁模板支撑设计参数

构件名称	层高/m	板厚/mm	梁高/mm	梁宽/mm	梁底增加立杆根数	水平杆步距/m	沿梁跨向立杆间距/m	垂直梁跨向立杆间距/m	梁底支撑次楞（方木）数量	主楞（钢管）合并根数
L1	5.3	180	950	400	2	1.2	0.9	0.9	4	1
L2	5.9	120	950	400	1	1.2	0.9	0.9	4	1
L3	5.3	180	600	350	2	1.2	0.9	0.9	3	1
L4	5.9	120	600	350	1	1.2	0.9	0.9	3	1

（3）梁侧模加固设计参数

表 2.5-4　梁侧横加固设计参数

构件名称	板厚/mm	梁高/mm	梁宽/mm	次楞（方木）布置方向	次楞间距/mm	对拉螺杆道数	第一道对拉螺杆距梁底高度/mm	第二道对拉螺杆距梁底高度/mm	对拉螺杆横向间距/mm	主楞（钢管合并根数）	对拉螺栓规格
LC1	180	950	400	竖向	400	2	150	600	1000	2	M12
LC2	120	950	400	竖向	400	2	150	650	1000	2	M12

根据以上参数，在广联达 BIM 模板软件中设置参数，进行模板及脚手架的设置。项目施工过程中会存在各种不确定因素，无论计划制订得如何详细，都不可能按照预排的施工进度计划一成不变地执行下去，实际实施中会产生进度偏差。跟踪项目进展，控制项目变化是实施阶段的主要任务。基于 BIM 技术的进度管理实施过程主要包括进度信息采集、分析和控制。

在项目施工进度管理过程中，相关数据的统计、编制、传递与存储主要采用的方法是估量统计、手工编制、人工报表和文档传递，这种方式工作量大、效率低，难以保证信息及时有效，更不能从宏观上直观把握整个工程的施工进度。如何形象地表达施工进度、动态描述施工过程中各环节之间复杂的动态时空逻辑关系，一直是工程管理决策人员关心的关键问题。因此，在地铁控制中心三维信息化模型中查看施工进度尤为重要。

为及时掌握现场施工进度信息，基于 BIM 5D 软件搭建各个公司的 BIM 施工管理平台，将地铁控制中心三维模型和 Project 编制的进度计划集成，并上传至该平台中的进度管理模块，实现在平台上进行进度信息录入、动态更新采集到的实际进度信息，然后基于 4D 的 BIM 施工进度模型，自动分析采集的实际进度与预排进度之间的关系，判定该任务的进展情况（超前或滞后），并将相关信息发送给相关负责人，以便采取相应的控制措施。

2.5.2 基于三维可视化查看模板施工进度

根据构件、工序、BIM 5D 之间的关系建立地铁控制中心的三维模型，将其发布到 BIM 施工管理平台，实现在施工管理系统中根据三维模型查看施工进度，大大提高了工作效率，为项目管理层的决策提供了依据。其具有快速、准确、可视化等特点。在人机交互的情况下，借助三维信息化模型，快速查询到暗挖地铁车站及区间隧道的施工进度信息，并用不同颜色形象展示出施工进度和项目的进展情况，为项目管理者对项目的整体进展把控提供决策依据，进而提高项目管理水平。

在录入上述信息的基础上，基于三维模型的可视化技术，将已经施工的信息实时更新到 BIM ，及时掌握现场施工情况。

通过形象、直观查看施工的方法，各管理人员能直观地掌握项目施工的进展情况，提高沟通效率，减少沟通信息损失。此外，根据此进度信息的查看结果，并结合施工进度预排的施工计划，可对施工进度方案进行调整、纠偏，优化现场施工进度方案。

2.5.3 基于 BIM 技术的模板经济

随着我国基础设施建设进一步加强，其技术的复杂程度亦越来越高，进而对模板的使用也有了更高的要求，因此，许多类型模板投入施工中。然而，当前大多数施工单位对于设备仍采用传统的粗放型管理模式，各项目对所用模板往往重“用”轻“管”，设备进出场管理混乱，模板使用费分类不清，由此引发设备管理混乱、费用高等问题。

在模板使用费计算的基础上，按照不同种类模板的费用科目，将当月所有模板使用费进行累加，得出一条该项目在当月的模板使用总费，进而通过累计，得出一年、两年或整个工期范围内该项目的模板使用总费。同时，在项目工期范围内，通过自定义模式，可任意查阅某几个月、某一年的模板使用总费，并用 Excel 表输出模板使用总费报表，通过 BIM 施工管理平台发送给相关责任人进行审核，以便采取相应的管控措施。

综上所述，通过上述定制开发功能，实现在 BIM 施工管理平台对工程项目模板的动态管控，提高模板的管理水平，促进控制中心模板的精细化管理。基于 BIM 施工管理平台对模板进出场时间进行准确、快速的计算，有利于控制项目成本，为项目模板管理提供科学、合理的决策依据。

2.6 基于 BIM 5D 技术的进度、成本、安全质量管理研究

2.6.1 基于 BIM 5D 技术的进度管理研究

1. 项目进度管理内容

项目进度管理作为项目管理中的关键一环涉及多个层面的精心策划与灵活应对。其核心内容包括项目进度计划的编制以及项目进度计划的控制。这两大方面相互关联，共同构成了项目进度管理的完整框架。

项目进度计划编制是一项系统性工作，项目团队必须在规定的时间内，结合项目的具体需求、资源情况和潜在风险，制订合理的进度计划。项目计划不仅要详细列出各个阶段的起止时间、关键节点和主要任务，还需要考虑可能出现的延期因素并预留出一定的缓冲时间。项目进度计划控制则是对计划执行过程的持续监控和动态调整。在执行进度计划的过程中，项目团队需要定期检查实际进度是否按计划要求进行，一旦发现实际进度与计划出现偏差，就需要迅速找出原因，并采取相应的补救措施。这些措施可能包括增加资源投入、优化工作流程、调整任务优先级等。在必要时，项目团队还需要根据实际情况对原计划进行调整或修改，以确保项目能够按照新的进度计划顺利进行。

通过科学、合理的计划编制和灵活、有效的计划控制，项目团队可以确保项目按时、高质量地完成，实现项目的预期目标。

2. 项目进度管理的现状

在工程项目领域，工期滞后和成本超支是两大常见的挑战。据统计数据显示，高达 70% 的项目在其实施过程中会出现工期滞后的现象，在这些滞后的项目中，有 75% 的项目最终成本会至少高于原合同价格的 50%。这一数据无疑揭示了工程项目进度管理的重要性和紧迫性。

传统的工程项目进度管理方法，如横道图和网络计划图等，虽然在一定程度上能够帮助项目经理进行进度管理，但这些方法存在明显不足。首先，

这些工具的可视性较弱，难以直观地呈现项目进度的全貌。其次，不便于多方协同工作，导致信息沟通不畅，容易出现进度偏差。最后，这些工具自身也存在一些缺陷，如计算复杂、调整困难等，使得进度优化变得异常困难。因此，加强项目进度管理的精细化、信息化和协同化尤为重要。

随着进度管理理论和信息化技术的发展，我国工程项目进度管理水平得到不断提高。当前大多数工程进度管理仍很粗放，虽然有详细的进度计划以及网络图、横道图等技术作支撑，但进度滞后、工期延误现象仍时常发生，对整个项目的经济社会效益产生直接影响。

分析西安地铁四号线 OCC 工程进度管理中普遍存在的问题，主要表现在以下几个方面。

（1）进度管理影响因素多，管理无法到位

工程建设过程十分复杂，影响进度管理的因素颇多：地理位置、地形地貌等环境因素，劳动力、材料设备、施工机具等资源因素，施工技术因素，道德意识、业务素质、管理能力等人为因素，政治、经济、自然灾害等风险因素都会影响工程项目的进度管理。多种因素的综合影响，会直接导致事前控制不力、应急计划不足、管理无法到位等。

（2）项目进度计划制订不够精准，缺乏足够的预见性和灵活性

目前工程项目进度管理中，多采用甘特图、网络图、关键线路法配合使用 Project 等项目管理软件进行进度计划的制订和控制。这些计划制订以后，经过相关方审批，直接用于进度控制。现场设计变更及环境变化现象时有发生，由于计划过于刚性，调整优化复杂，工作量大，会导致实际进度与计划逐渐脱离，计划控制作用失效。

（3）项目参与单位多，难以实现多方协同和信息共享

因工程项目的自身特点，需要多方参与单位共同完成。各单位除完成自身团队管理外，还要做好与其他相关方的协调，协调不力，会直接导致工程进度延误。

（4）工程进度与质量、成本之间难以平衡

在施工过程中，进度、成本和质量三者关系密切，任何一方的变动都会导致其他两方的变化。加快进度，就意味着增加成本和影响质量。采取赶工措施

必然要增加资源的投入，带来费用的增加。三者之间的平衡直接决定了项目目标的实现。在西安地铁四号线 OCC 工程中，由于相关技术和方法的缺乏，很难对三者进行综合考虑和平衡，容易出现抢进度—成本增加—质量不达标—返工—进度拖后的恶性循环，最终导致进度不断拖后和成本不断增加。

3. 传统项目进度管理的局限性

传统的工程项目进度管理主要依赖于施工单位，施工单位与设计单位沟通后，根据设计图确定项目的施工目标。在此基础上，施工单位会结合自身的实际情况和过去的经验，编制出工程项目的进度计划，并将其分发给各个相关单位。这些单位再根据自身的实际情况，对计划中的不合理之处提出反馈和改进意见。然而，这种传统的工程项目进度管理方式存在诸多不足，不利于系统的自组织和自运行，项目进度信息的可获取性、及时性和准确性都不高。

首先，传统的工程项目进度管理以设计图为基础，向外延伸扩展，然而工程项目往往非常复杂，需要团队协作完成，每个人负责其中的一部分或一个环节。因此，整个设计图本身的协调性不足，各图层之间的关联性不强，设计图中难免存在一些错误。同时，施工单位作为工程项目进度管理的主要负责方，并未参与图纸的设计，所以在编制项目进度计划时，难免会出现一些不合理之处。

其次，施工单位在编制工程项目计划时多依赖于过去的施工经验，进行不同阶段的划分，然而实际上没有两个完全相同的项目，相似的项目也会因为地域或资源限制的不同而存在不同程度的差异。因此，项目之间的实际情况差异性较大，以过去的施工经验为基础编制项目进度计划，难免会出现一些问题。例如，可能无法准确预估某些工作的耗时，导致计划与实际执行存在偏差。

最后，传统工程项目进度计划通常以横道图或网络图为主，然而这两种进度计划表达方式都比较抽象，对于非专业的施工人员来说，可能会出现不能完全理解图形含义的情况。这导致进度计划传达受限，下层施工人员无法准确了解项目的进度计划，进而出现现场实际进度和计划进度不符合的情况。这不仅会影响工程项目的工期，还可能增加项目的成本和风险。

传统的工程项目进度管理方式已经无法满足现代项目管理的需求，需要通过引入先进的项目管理工具和技术、加强项目团队之间的沟通与协作以及利用数字化和智能化技术等来改进传统的项目进度管理方式。这样可以提高项目管理的效率和准确性，确保项目能够按时、按质、按预算完成并达到预期目标。

4. 项目进度管理中 BIM 技术的引入

传统方法虽然可以对前期阶段所制订的进度计划进行优化，但是由于其可视性差，不易协同，以及横道图、网络图等工具自身存在缺陷，所以项目管理者对进度计划的优化不充分。这就使得进度计划中可能存在某些没有被发现的问题，当这些问题在项目的施工阶段表现出来时，对建设项目产生的影响就会很严重。

基于 BIM 技术的进度管理，对施工过程进行反复模拟，使那些在施工阶段可能出现的问题在模拟的环境中提前发生，并可提前制定应对措施，使进度计划和施工方案最优，再用来指导实际的项目施工，从而保证项目施工的顺利完成。

BIM 模型包含完整的建筑信息，从构件的尺寸、数量到构件材质，以及构件之间的连接、位置、环境等。通过 BIM，可以获得构件的工程量信息，为工程进度计划的编制提供依据。同时，可以获取施工过程中材料和资金的需求信息，便于提前与建设单位和供应商沟通，保证材料和资金及时到位，避免了资源因素对进度的影响。在三维建筑模型上加入进度计划，形成四维模型，检测进度计划的时间参数、各工作的持续时间是否合理，工作之间的逻辑关系是否正确等，从而检查和优化项目进度计划。

技术在进度管理中有其自身的优越性，具体表现在以下几个方面。

（1）BIM 技术为各专业之间的协同创造条件

建立 BIM 时，是分专业进行的，在完成各专业的 BIM 之后，在同一平台上进行各专业模型之间的空间整合；通过碰撞检查，检验各专业模型整合之后是否存在问题并协调解决存在的问题。在施工前发现问题并解决问题，减少施工过程中因为模型的空间碰撞而产生的变更，从而确保项目按计划实施。

给三维模型的各个构件附加时间参数就形成了四维模拟动画，计算机可以根据所附加的时间参数模拟实际的施工过程。通过虚拟建造，可以检查进度计划的时间参数是否合理，即各工作的持续时间是否合理，工作之间的逻辑关系是否准确等，从而对项目的进度计划进行检查和优化。将修改后三维建筑模型和优化过的四维虚拟建造动画展示给项目的施工人员，可以让他们直观地了解项目的具体情况和整个施工过程；帮助施工人员更深层次地理解设计意图和施工方案要求，减少因信息传达错误而带来的不必要的问题，加快施工进度和提高项目质量，保证项目决策尽快执行。

（2）BIM 技术基于立体模型，具有很强的可视性和可操作性

BIM 支持可视化的表达方式，可以精细化地修改模型中构件的物理、非物理信息，减少甚至避免设计错误。BIM 技术还支持进度计划的可视化表达。通过四维模型，将三维模型构件与进度信息联系起来，将各阶段工程项目计划达成的进度目标形象地展示出来，避免信息传达错误，造成负面影响。结合总体施工进度计划，用颜色区分，分别高亮显示已完成部分、当前需要完成部分、计划后续完成部分的施工进度模拟。BIM 的设计成果是高仿真的三维模型，工程技术人员可以以第一人称或者第三人称的视角进入建筑物内部，对建筑进行细致的检查；可以细化到对某个建筑构件的空间位置、三维尺寸和材质颜色等特征进行精细化的修改，从而提高设计产品的质量，减少因设计错误对施工进度造成的影响；还可以将三维模型放置在虚拟的周围环境之中，环视整个建筑所在区域，评估环境可能对项目施工进度产生的影响，从而制定应对措施，优化施工方案。

在三维模型的可视化中能呈现更精密的空间关系，在原有的三维模型的基础上再加上时间关系，可得出 BIM 4D 模型，将其应用在施工前的仿真，将使工程人员更容易了解工程细节，并提高计划的可靠性与正确性，使工程施工能按计划执行，且可让工程进行时可能会发生危害的区域及早被发现，可将日后施工期间的危害发生率降至最小。

5. BIM 技术在项目进度管理中应用的必要性分析

工程项目的进度管理是贯穿项目生命周期的一条主线，是工程项目管理的核心目标之一，它不仅决定了项目生命周期的跨度，更对工程项目的成本和质量有着直接的重要影响。然而由于工程项目管理的复杂性、各专业之间

的孤立性和各阶段的不连续性，导致了严重的“信息孤岛”现象，这是导致工程项目进度管理效率低下最重要的原因之一。如今，建筑业面临外部经济下行的巨大压力，这使其生存困难且竞争更加激烈，为了在艰难的行业环境中取得优势，企业对在进度管理过程中引入 BIM 技术提出迫切的需求。

BIM 技术能搭建一个或多个综合性系统平台，向不同项目参与者提供涵盖工程项目全生命周期的各类信息，并使这些信息具备联动、实时更新、动态可视化、共享、互查、互检等特点。其最突出的特点就是可视化、参数化、集成化、共享性、协同性，充分运用这些特点就能打破进度管理中的“信息孤岛”现象，使建设项目信息在规划、设计、建造和运营维护全过程充分共享、无损传递，可以使建设项目的所有参与方在项目从概念产生到完全拆除的整个生命周期内都能够在模型中操作信息并在信息中操作模型，进行协同工作，从根本上改变过去依靠文字、符号进行项目建设和管理的工作方式。

6.BIM 技术进度管理流程

BIM 技术与传统进度管理技术结合，包括设计进度计划自动生产系统、进度模拟系统和进度控制分析系统。

基于 BIM 技术的进度管理流程如图 2.6-1 所示。

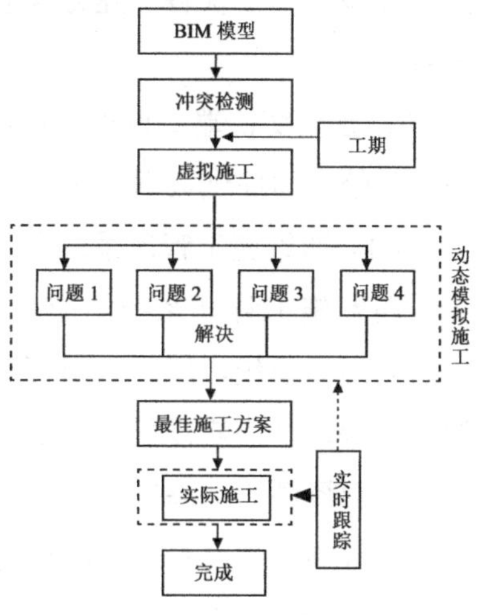

图 2.6-1　进度管理流程图

7.BIM 进度管理应用步骤

（1）构建基于 BIM 的四维模型

BIM 在项目进度控制中，其模型的构建是以四维信息模型为基础的，而四维信息模型的基础则是基本信息模型。基本信息模型基本属性的确定主要在于建筑物的三维几何信息，如构件实体的几何尺寸、空间位置以及空间关系等，此外还包括工程项目的类型、名称、用途、建设单位等基本工程信息。而四维虚拟建造技术，其原理是为三维建筑信息模型附加上时间维度，从而构成四维模拟动画，通过在计算机上建立模型并借助于各种可视化设备对项目进行虚拟描述。此模型在施工过程中可以应用到进度管理和施工现场管理的多个方面，在进度管理上主要表现为可视化功能、监控功能、记录功能、进度状态报告功能和计划的调整预测功能，能集成网络计划法、S 曲线法、香蕉曲线法等。

（2）建立施工数据库和信息管理

① 数据库的建立。四维施工进度管理系统为了实现对数据的科学管理和工程结构的直观表现，一般采用将模型对象封装的方法，在系统中加入对象计算方法，创建相关数据库。

② 管理信息平台的设置。该平台的建立旨在为工程项目管理者提供信息集成环境，为工程各参建方互联互通、协同合作、共享信息提供了公开应用平台。

③ 数据交换端口设置。数据交换端口可为其他非 IFC 标准的软件或系统与本系统之间提供数据交换途径，与项目进度管理软件进行数据交换。

（3）四维施工管理系统中的进度管理

四维施工管理系统的应用，为管理者提供了相关管理操作界面与工具层。利用该系统，操作人员可制订相应的施工进度计划、施工现场布置、资源配置等，从而实现施工进展、施工现场布置的可视化模拟，以及对项目进度、综合资源的动态控制和管理。

四维施工进度管理可以有两种实现方法：

① 在进度管理软件管理界面，可以控制并调整进度计划。如果平台中的进度计划被修改，四维施工模型也会随之自动调整，不仅能够用横道图、网络图等二维平面来表示，还可以运用三维模型进行动态呈现。

② 在 BIM 软件操作界面中，可实现四维的施工动态管理，可以使用不同的颜色来标注不同的工作情况，从而实时监督任意起止时间、时间段或工程段的施工进度，查看任意构件、构件单元或工程段等的施工状态与工程属性，进行适当的修改，系统即会自动调整进度数据库和进度计划，并即时更新呈现四维图像，最终实现基于进度计划的资源动态管理。

8. 运用 BIM 技术在进度管理上取得的成果

由上述分析可知，传统工程项目进度管理技术和方法的局限性在一定程度上导致进度管理存在诸多问题，限制了工程项目进度管理效率的提升。面对进度管理的诸多现存问题，当前的技术和方法已不能满足工程项目进度管理的需要。

基于 BIM 技术的应用价值、现状和发展趋势，将其引入工程项目进度管理中，综合应用传统技术和方法，拓展进度管理思路，解决现存问题与弊病。由于 BIM 技术的研究尚少，发展并不成熟，有必要对其应用作更深入的研究，为提高工程项目进度管理水平和项目效益作出有益探索。

2.6.2 基于 BIM 5D 技术的成本管理研究

1. 引入 BIM 5D 成本管理技术的必要性

工程造价作为建设项目不可或缺的组成部分，其管理效率与准确性直接关系到项目的经济效益与整体质量。然而，当前我国的造价管理模式在一定程度上存在与市场脱节、区域性限制等问题，特别是工程实施阶段的造价过程较孤立，信息共享与协同困难，缺乏全国统一标准与精细化造价管理理念。这些问题导致了工程造价数据更新不及时，难以实现过程化管理，数据分析细度不足，数据积累困难，进一步引发了工程量清单的迟缓和不严密，以及“三超”（结算超预算、预算超概算、概算超估算）等普遍存在的造价管理问题。这些问题严重阻碍了我国建筑行业的健康快速发展。

在这样的背景下，基于 BIM 5D 技术的成本管理应运而生。BIM 5D 技术以三维数字技术为基础，构建了多维信息模型，为建设工程项目的全生命周期、项目的所有参与方、项目不同层次的应用提供了全面且准确的信息。为了解决传统造价管理中的问题，实现造价管理的精细化和全过程管理，我国开始了基于 BIM 的建设工程全过程造价管理研究。这一研究旨在增加项目的可控性、缩短工期、控制造价、减少错误、提高质量、节约成本，为建筑行业的持续健康发展提供有力支撑。

我国自 2004 年引入 BIM 技术以来，经过近十年的快速发展，BIM 技术在我国已经取得了显著成效。BIM 三维模型与时间维度的结合，形成了具有可视化虚拟施工等强大功能的四维模型，为施工任务的可行性研究、施工计划安排、任务优化等提供了有力支撑，有效避免了施工意外的发生。而 BIM 5D 技术更是在 BIM 4D 模型的基础上引入成本维度，打破了传统动画展现建设过程的方式，重新定义了 BIM 应用中的可视化虚拟建造。这使得项目管理者在工程建设前就能够预测建设过程中的每个关键部位的施工现场平面布置、大型机械及组织措施方案，同时还能够预测每月、每周所需的资金、材料及劳动力情况，从而提前发现问题并进行优化。

BIM 5D 技术的出现，为我国造价管理体系中面临的问题提供了新的解决方案，为建筑行业的快速发展注入了新的活力。随着技术的不断进步和应用范围的扩大，相信 BIM 5D 技术将在未来的工程造价管理中发挥更加重要的作用，推动我国建筑行业实现更高水平的发展。

2. 基于 BIM 5D 技术的成本管理

BIM 5D 技术是在 BIM 三维模型基础上引入时间和成本两个维度，形成与建设项目相关联的比较完整的五维信息载体。BIM 5D 模型不仅含有建筑工程实体的各种数据信息，还包含了与时间及成本相关的数据信息，内容包括几何图形信息、空间位置信息、WBS 节点信息、时间范围信息、合同预算信息、施工图预算信息等，有效解决了 BIM 只关注几何及构件属性的不足，增强了 BIM 5D 模型的时效性，拓展与扩大了 BIM 的建模能力及应用范围。同时，BIM 5D 模型还可以自动计算各专业工程量和根据需要进行不同类型的算量，包括土建、安装、机电、钢结构、装饰装修等专业，以及施工进度、设计变更等。

（1）基于 BIM 5D 技术的成本控制模型总体流程

现行的施工阶段由于受工程复杂性、施工工期和现场环境等多方面的影响，以及管理人员对成本控制重视不足、管理手段落后，由此导致成本控制一直都是项目管理的难点。随着建筑业信息化改革浪潮的继续推进和发展，建筑信息模型（BIM）被逐渐引入项目管理。经典的成本控制方法——挣值（Earned Value，EV）法能够实现施工过程成本的精细化管理，但是由于受实际施工过程中成本数据信息收集散乱、成本信息更新不及时、成本控制活动散乱等影响无法有效地实施成本控制。BIM 技术由于其完备的信息库资源给成本控制带来了基础成本信息，同时施工项目管理软件也提高了管理的技术水平。BIM 模型能够实现全过程建筑材料等信息的共享与协同。基于 BIM 技术和挣值法的优势，本节构建的成本控制模型主要将施工过程中的所有成本信息集成在一个 BIM 5D 信息平台，并且形成进度和成本联动的动态信息。基于 BIM 5D 信息库的施工阶段成本控制流程如图 2.6-2 所示。

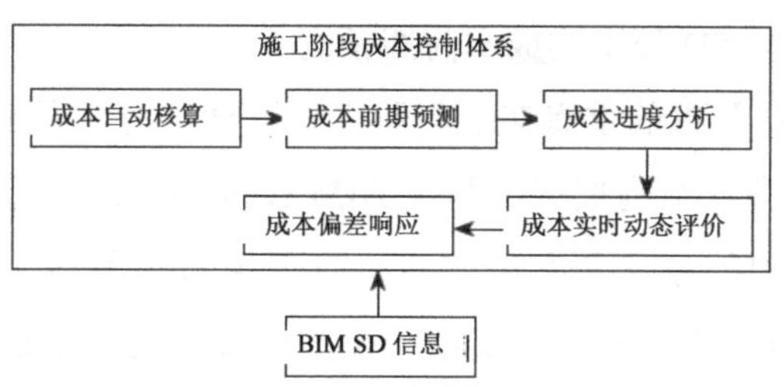

图 2.6-2　基于 BIM 5D 信息库的施工阶段成本控制流程

此模型的总体流程主要由基础的 BIM 5D 信息库和施工成本控制模型两部分组成，其中，搭建的以 BIM 5D 模型为基础的信息库主要用来提供施工阶段成本控制体系的所有信息资源。成本控制的体系主要包括成本自动核算、成本前期预测、成本进度分析、成本实时动态评价和成本偏差响应。在成本控制体系中，结合经典的挣值法实现施工阶段成本的动态控制分析。

（2）成本控制模型构成

BIM 5D 模型是在 BIM 3D 的基础上，将时间和成本信息录入和关联到三维实体模型上形成基于 BIM 5D 的模型。在 BIM 5D 模型的基础上，集成更多施工信息形成 BIM 5D 信息库。BIM 5D 信息库具体实现流程如图 2.6-3 所示。在 BIM 5D 信息库中录入三维模型和进度信息，可以实时查看和监测每一时间段的资源信息。同时，合同价、计划预算和实际成本信息的引入可以使进度范围的资源和资金的来源、去向以及偏差幅度更加清晰，可以为施工阶段成本控制提供信息。

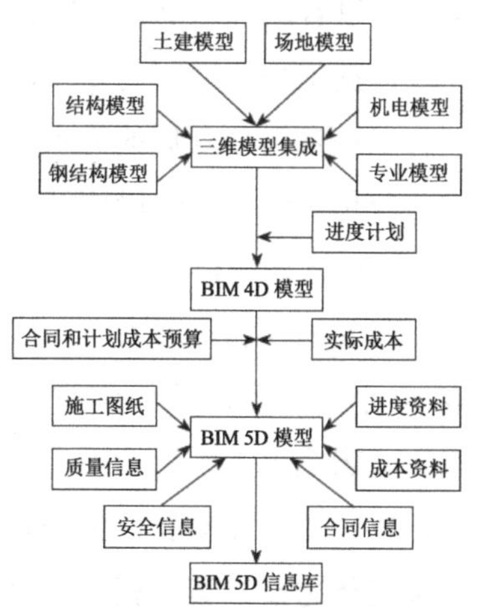

图 2.6-3　BIM 5D 信息库实现流程

（3）施工阶段成本控制体系

施工阶段的成本控制即对施工阶段成本信息的整理、分析和处理过程。成本控制体系是成本控制的核心。通过对进度的关联，以及合同信息、计划预算文件和实际成本信息的录入，结合挣值法的基本参数以及成本偏差指标（Cost Variance，CV）和成本绩效指数（Cost Performance Index，CPI）进行成本信息的核算、预测、分析、评价和响应。

（4）基于 BIM 5D 技术的成本前期预测

成本前期预测分析的重点在于与业主签署合同前期通过 BIM 5D 技术对合同清单工程量进行准确把握。基于 BIM 技术的全过程造价管理基本理论以及 BIM 5D 模型的概念和实施方法，将理论与实际结合了起来。通过对西安地铁四号线 OCC 工程进行实证分析和研究，对其中的相关造价数据进行摘录整理，并与应用 BIM 技术后产生的造价数据进行对比分析，验证了 BIM 技术对于我国建设工程造价管理起到的至关重要的作用，体现了 BIM 技术在造价管理中的优势。通过对每个阶段的费用测算，得出运用 BIM 技术在每个阶段所节约的劳动力、费用以及时间，最终汇总，得出基于 BIM 技术在全过程造价管理中能够节约的社会资源。

（5）基于 BIM 5D 的清单应用

基于 BIM 5D 的项目清单是将之前建立好的信息化模型导入 BIM 5D 中，从中可以看出每一个构件的清单用量。

根据工程管理部的要求，按照过去的经验，遇到类似的工程，后期也必须将工程量按分割后的流水段划分统计。在施工管理过程中，由于单层体积大、分包班组多、分段施工，需要现场的管理人员分流水段统计计划材料用量，分流水段统计工程量与分包施工班组结算。

西安地铁四号线 OCC 工程通过 BIM 5D 项目管理软件将 10 个单体划分成 10 个流水段，软件自动统计出每个流水段的工程量，既满足了业主的要求，又满足了工程后期项目管理过程中流水段材料计划管理和分包结算的要求，省去了在算量软件中分割统计工程量的过程，节省了时间。经测算，只需按整体建模方案建模，建好模型后导入 BIM 5D 项目管理软件，然后划分流水段，只需要 2 个小时，统计 10 个流水段的工程量就完成了，大大提高了工作效率。

（6）成本控制动态分析

在 BIM 5D 信息库中，将进度计划、合同预算文件和计划成本文件导入平台，并且通过 BIM 5D 平台核算得到计划工作的预算成本（Budgeted

Cost of Work Scheduled，BCWS）、完成工作的预算成本（Budgeted Cost of Work Performed，BCWP）和已完成工作的实际成本（Actual Cost of Work Performed，ACWP）。核算的信息能够形成进度 - 资金的成本曲线模拟，实现事前成本分析。同时，通过对计划预算文件和实际成本信息进行对比分析，能够实时监控。

合同预算文件的导入可以和实际成本信息进行综合分析，对比已完工工程合同的预算成本（Budgeted Cost of Work Scheduled of Contractor，BCWS-C）和施工企业已完成工作的预算成本，建立利润指标计划利润（Planned Profit，PP）、实际利润（Actual Profit，AP）和利润偏差（Profit Margin，PM），更加综合性地分析成本偏差信息，进而实现成本控制。

（7）基于 BIM 5D 技术的成本控制信息管理平台

基于 BIM 5D 技术的成本控制信息管理平台（图 2.6-4）是全过程对信息进行有效的管理过程。信息管理平台本质是对信息的管理，即对信息进行输入、整理、处理和应用的过程。基于 BIM 5D 技术的成本控制信息管理平台的核心系统包括成本信息采集系统（BIM 信息库）、成本信息处理系统（BIM 5D）、成本信息分析系统，实现成本基础信息的收集、整理和处理等主要功能。

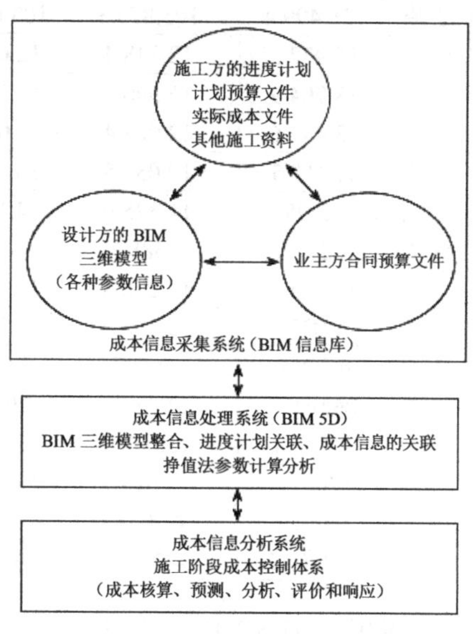

图 2.6-4　基于 BIM 5D 技术的成本控制信息管理平台

西安地铁四号线 OCC 工程采用基于 BIM 5D 技术的施工阶段成本控制模型。选取广联达自主开发的 BIM 5D 信息管理平台，利用此信息平台对 2015 年 5 月（第 1 周开始）到 2017 年 2 月（第 36 周结束）的成本信息进行分析，得到每周的合同价、计划成本和实际成本的“三算”对比（表 2.6-1）。基于挣值法的理论以及合同价、计划成本和实际成本信息中的每周对应工程量和单价信息能够核算出 BCWP-C、BCWP、ACWP、BCWS 等重要信息。对 PP、AP、CV、CPI 进行分析，为偏差级别确定、偏差原因分析和纠偏作好基础数据准备。基于 BIM 5D 技术的成本控制信息管理平台可以实时更新信息，监测成本的变化情况，并且及时录入、统计分析和整理成本变化信息，得出每个阶段的成本偏差幅度，再根据预先设置的接受偏差警示区间进行判断和分析偏差类别，针对不同偏差类别制定改进措施。

表 2.6-1 “三算”对比表

时间	合同时间一金额（合同价）	计划时间一金额（预算成本）	实际时间（AC）	计划一实际当前差额（PP）	合同一实际（盈亏）	合同一计划差额（PP）
19 周	29.952 8	24.982 5	24.803 9	0.178 6	5.148 9	4.970 3
20 周	6.252 8	4.963 2	4.784 6	0.178 6	1.468 2	1.289 6
21 周	17.124 8	15.800 7	15.622 1	0.178 6	1.502 7	1.324 1
22 周	126.499 4	103.875 3	103.696 7	0.178 6	22.802 7	22.624 I
23 周	15.972 5	12.248 4	12.069 8	0.178 6	3.902 7	3.724 1
24 周	18.704 9	16.590 9	17.202 2	−0.611 3	1.502 7	2.114
25 周	13.442 6	12.008 4	11.039 9	0.968 5	2.402 7	1.434 2
26 周	22211 6	19.087 5	18.908 9	0.178 6	3.302 7	3.124 1
27 周	15.05	14.325 9	14.147 3	0.178 6	0.902 7	0.724 1
28 周	8.212 4	6.588 3	6.409 7	0.178 6	1.802 7	1.624 1
29 周	14.325 2	19.278 3	12.522 5	6.755 8	1.802 7	−4.953 1
30 周	21.027 2	13.656 9	19.224 5	−5.S67 6	1.802 7	7.370 3
31 周	6.239 9	12.597	6 537 2	6.059 8	−0.297 3	−6.357 1
32 周	25.069 7	14.033 4	20.567	−6.533 6	4.502 7	11.036 3
33 周	8.652 8	13.067 7	12.850 1	0217 6	−4.197 3	−4.414 9
34 周	17091 8	13.028 7	12.889 1	0.139 6	4.202 7	4.063 1
35 周	5.653 7	89.406 9	3.851	85.555 9	1.802 7	−83.753 2
36 周	103203 8	4.201 8	89.401 1	−85.199 3	13.802 7	99.002

运用 BIM 5D 项目管理软件既满足了项目预算人员的整体建模需求，省去了烦琐的统计工作，也满足了工程实际施工过程中分段统计计划材料和分包班组结算工作的需求，解决了工程管理中的实际问题。

基于 BIM 的工程量清单，可以更为清晰标准地展现出项目以时间为横轴、以经济为纵轴的变化趋势。在具体的时间节点，关联各个施工方、业主、监理方的合作关系，对实时发生的问题进行相应的处理。在全国建筑行业运用 BIM 的大趋势下，西安地铁四号线 OCC 工程积极响应并运用了 BIM 技术，大大节省了工程成本，避免了由于资源分配不均衡、机械使用不当而出现的停工，从而导致工作效率大幅下降的问题。运用 BIM 技术，对原有的工程量清单和计价及后期优化后的工程量清单和计价作了详细的比较，结果显示，其节省了大部分没有必要的开支，提高了成本信息处理的准确性和效率，实现了成本控制的高效精细化控制。

2.6.3 基于 BIM 5D 技术的安全质量管理研究

随着我国经济的高速发展和城市化的不断推进，工程建设项目如雨后春笋，然而在工程建设过程中，安全质量事故也屡有发生，给社会和国家带来的生命财产损失难以估量。为有效预防和减少安全质量事故的发生，在项目建设过程中，施工企业要坚持以安全质量生产标准化为基础，坚持以科技为指导，争取将安全质量事故发生的次数和损失降到最少。随着信息技术的不断发展，在现行的安全质量管理体系基础上引入 BIM 技术，形成可视化的新型管理模式。应用 BIM 技术进行项目管理，构建建筑工程的时间和空间模型，对施工现场的安全进行时间和空间上的管理，对保障建筑工程施工安全有指导性意义。

1. 安全管理

由于工程建设具有周期长、投资大、涉及面广、工作量大等特点，并且施工内容、地点、作业时间等各不相同，工程协调难度很大。在建设过程中稍有不慎，就有可能造成质量隐患，导致工期拖延，甚至有可能引发安全事故。传统的方式已经无法准确完整地报告实时的建设状况，所以有必要开发一个更加高效、高科技的安全集成管理平台，对施工项目进行全面的、系统的、现代化的管理，这就是以 BIM 为核心的安全管理模式。基于 BIM 技术的建筑信息模型，可以利用可视化的技术，为建设信息化提供基础，让管理决策更加信息化、自动化、科学化、标准化。在带动建筑工程施工效率提升的同时，也大大降低了施工安全隐患发生的概率。应用 BIM 技术先在电脑模型中虚拟模拟，其过程本身不消耗施工资源，却可以根据可视化效果看到并了解施工过程和结果，可以较大程度地降低返工带来的安全风险，增强管理人员对安全施工过程的控制能力。

（1）作业前，根据方案，先进行详细的施工现场勘查，重点研究解决施工现场整体规划、进场位置、材料区的位置、洞口临边、起重机械的位置及危险区域等问题，利用三维建模，模拟施工过程。施工现场虚拟可以直观、便利地帮助管理者分析现场的限制，找出潜在的问题，制定可行的施工方案，有利于提高效率、降低传统施工现场布置方法中存在漏洞的可能性，及早发现施工图设计和施工方案的问题，提高施工现场的生产率和安全性。

（2）通过 BIM 3D 模拟平台模拟工程安全施工，对施工过程进行可视化安全管理。通过模拟，项目管理人员能够在施工前就清楚下一步要施工的所有项目以及明白自己的工作职能；确保能够按照施工方案进行有组织的管理，了解现场的资源使用情况，把控现场的安全管理环境，大大增加过程管理的可预见性；能够促进施工过程中的有效沟通，有效地评估施工方法，发现问题、解决问题。

（3）建立模型，进行施工过程的模拟，使整个过程达到可视化。BIM 的可视化是动态的，施工空间随着工程的进展会不断发生变化，它将影响到工人的工作效率和施工安全。通过可视化模拟工作人员的施工状况，可以直观地看到施工工作面、施工环境、施工机械位置等，并可评估施工过程中这些工作空间的可用性和安全性。同时，通过信息模型的应用，建立预防机制，可以规范安全生产行为，使生产各环节符合有关安全生产法律法规和标准规范的要求，促使人、机、料、环境处于良好的状态，并持续改进，不断加强使用企业在安全生产过程中的规范化建设。

（4）广联达 BIM 5D 云平台管理。传统项目施工中，在发现安全质量问题时，通常采用书面形式通知和整改回复，类似问题、解决措施和预防措施不能有效地加以总结分析。应用 BIM 5D 管理平台将施工现场发现的质量、安全等问题数据通过照片、音频的形式上传至云管理平台，集成现场施工管理各类数据信息指导施工过程的质安管理。

2. 质量管理

随着科技的不断进步，建筑行业也迎来了巨大的变革。其中，BIM 技术的出现与普及为施工带来了前所未有的变革。BIM 技术不仅推动了企业管理的技术革新，还为解决长期困扰行业的质量管理信息孤岛问题与信息断层问题提供了解决方案。它显著提升了企业的质量管理能力，使生产效率得到了极大的提高。因此，推广 BIM 技术已成为当今企业发展的关键选择。

工程项目目标的实现依赖于项目质量管理中所有管理职能的有效运行。在这些职能中，质量控制无疑处于核心地位。工程项目质量控制是指对项目的实际质量情况进行持续的监督与管理。其核心工作包括将项目的实际质量情况与预设标准进行对比，识别存在的质量问题或误差，深入分析这些问题产生的原因，并采取相应的措施来消除这些质量与误差。

为了实现这一目标，工程团队需要运用多种质量控制方法。在众多方法中，BIM 技术凭借其独特的优势，成为提高工程项目质量控制水平的有力工具。BIM 技术通过数字化的方式，构建了一个三维的建筑信息模型，使得项目信息的集成、共享和协同变得更加便捷。这使得质量控制工作更加科学、系统，大大提升了工作效率，并有助于节约项目成本。

首先，BIM 技术能够提供一个全面的、可视化的项目信息平台，通过这个平台，项目团队可以实时查看项目的质量数据，及时发现潜在的质量问题，并迅速采取措施进行纠正。这不仅提高了质量控制的及时性，还增强了质量控制的有效性。

其次，BIM 技术促进了项目团队之间的沟通与协作。传统的项目管理中，各部门之间的信息沟通往往存在障碍，导致质量问题难以得到及时解决。而 BIM 技术打破了这一局面，使得各部门可以在同一信息平台上进行协同工作，共同解决质量问题。

再者，BIM 技术还提供了强大的数据分析功能。通过对项目数据的深入分析，项目团队可以更加准确地识别质量问题的根源，为制定有针对性的解决方案提供了有力支持。

BIM 技术在工程项目质量控制中的应用不仅提高了质量控制工作的科学性和系统性，还增强了项目团队的沟通协作能力，为实现项目质量管理目标提供了有力保障。

（1）BIM 技术在工程项目质量控制阶段的应用

BIM 技术在工程项目质量管理中的应用主要体现在项目设计阶段、项目施工阶段、项目验收阶段、项目运行及维护阶段。其中，项目设计阶段利用 Revit 软件快速检测工程项目各专业之间是否有冲突，大大减少了因专业设计冲突留下的质量隐患。业主、设计方、施工方可以共同参与项目设计，加强了项目的前期设计交流。在项目施工阶段，基于 BIM 技术的软件可以对工程项目进行实体模型模拟，将现场设备性能及工作状态、建筑材料信息导入工程项目模型中，可以随时查看施工质量状况。由此可知，BIM 技术可以在项目的施工阶段从质量控制设置、施工设备监测、建筑材料控制等多个方面进行质量控制。

（2）改变信息模式

首先，BIM 技术中的信息模式不同于传统质量管理中的信息来源及传递方式。传统质量管理大多采用图纸记录信息，烦琐的图纸不仅管理上复杂、不便，且不利于业主参与工程。BIM 技术构建的模型则可以实现信息的直观表达，便于管理和交流。其次，BIM 作为建筑物整体及局部质量信息的载体，可以更好地实现质量的动态控制和过程控制。最后，BIM 技术中的信息协同管理可以加强项目中的质量信息交流，避免出现“信息孤岛”现象。

（3）信息的全面记录

西安地铁四号线 OCC 工程利用 BIM 技术建立模型之后，将工程材料、建筑设备、各类配件质量信息录入模型，跟踪记录现场产品是否符合质量要求，全面存储管理信息，构建质量信息记录，使管理信息可视化，便于随时查询质量信息并进行质量问题校核，加大质量管理力度，从而提升管理效率。

（4）虚拟施工的实现

西安地铁四号线 OCC 工程实施之前就进行了相关优化设计、可靠性验证等，在建筑模型中加入时间信息，从而构建出了四维施工模型，模拟施工顺序、施工组织，发现施工过程中可能出现的问题，降低了质量风险，实现了事前质量控制。

（5）质量处理信息

质量处理信息的内容主要分为三点：发现质量问题、处理质量问题、分析质量问题。项目通过 BIM 5D 云平台管理系统进行大数据处理，采用不同的标签对各类信息进行区分，通过手机端上传施工现场发现的质量问题数据（图 2.6-5），落实相关责任人即刻整改，整改后及时回复，闭合问题。质量处理信息充分反映了质量管理中动态控制的原理，使项目质量管理人员通过 BIM 实施平台清晰地了解工程中的质量问题发生、处理、解决的状态，提升了对工程项目的整体掌控能力。

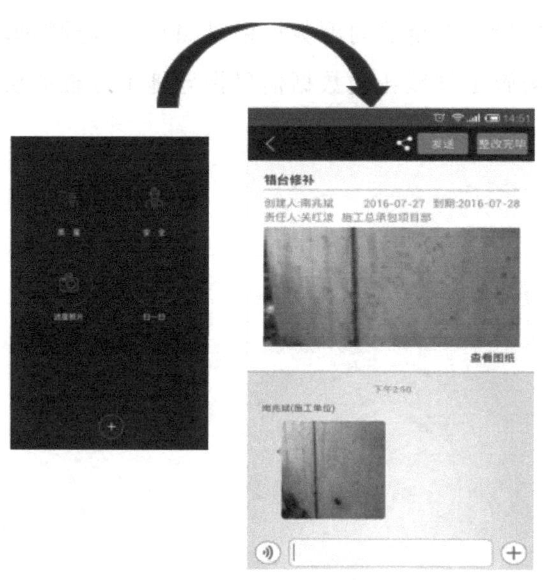

图 2.6-5　云平台手机端上传现场质量问题数据

通过 BIM 实施的工程安全质量管理仍处在探索过程中，但无疑这是一种较传统的管理方式更为有效的系统。通过 BIM 的三维模型能很好地还原安全质量发生的地点与对象，方便协调解决质量问题。

2.6.4 BIM 技术在西安地铁四号线 OCC 工程中的应用成果

1. BIM 关键技术应用成果

西安地铁四号线 OCC 工程主要应用了以下 BIM 技术：三维模型的构建技术、项目工程量清单统计、模架支撑方案施工模拟、信息化安全质量管理施工。（1）通过构建西安地铁四号线 OCC 工程三维模型，实现了对量三维动态整合，一键分类统计工程量，反查量差进行三维图形定位对比，解决了手算对量盲区，使算量、对量工作更为快速、准确；（2）基于 BIM 5D 技术的项目工程量清单统计，对工程量分流水段统计材料用量和分包结算，实现了项目清单、资源一体化管理，将前台管理转变为后台管控；（3）基于 BIM 5D 技术的模架支撑方案施工模拟，结合 BIM 5D 信息平台进行 5D 漫游模拟架体施工，使得模架施工方案得以优化，提高了模架施工的安全性和可靠性，同时材料用量得到了控制，提高了材料的周转效率，节省了成本，缩短了工期；（4）运用 BIM 5D 技术进行信息化安全质量管理，将施工现场发现的质量、安全等问题数据通过照片、音频的形式上传至云管理平台，集成现场施工管理各类数据信息指导施工过程的质安管理，避免了类似问题发生。

第3章

地铁暗挖车站与区间隧道设计及施工中的三维可视化建模

3.1 工程项目软件与硬件

3.1.1 工程项目软件

CATIA 是法国 Dassault Systemes 公司的 CAD/CAE/CAM 一体化软件，居世界 CAD/CAE/CAM 领域的领导地位，广泛应用于航空航天、汽车制造、造船、机械制造、电子 / 电器、机械设计、建筑工程等行业。它的集成解决方案覆盖所有的产品设计与制造领域，其特有的电子样机模块功能及混合建模技术更是推动了企业竞争力和生产力的提高。

CATIA V6 版本可为数字化企业建立一个针对产品整个开发过程的工作环境。在这个环境中，可以对产品开发过程的各个方面进行仿真，并能够实现工程人员和非工程人员之间的电子通信。产品整个开发过程包括概念设计、详细设计、工程分析、成品定义和制造、成品在整个生命周期中的使用和维护。

CATIA 常用模块有零件设计模块、装配设计模块、创成式曲面设计模块、数字化外形编辑、自由曲面设计、管路设计、电气导线布线设计、钣金加工设计等几十种模块。

本项目使用的模块有零件设计模块、装配设计模块、创成式曲面设计模块。

1. 零件设计模块

零件设计（Part Design，PDG）模块主要是三维实体设计，一般先通过草图设计，确定实体的平面图形，利用零件设计模块所提供的各种功能建立实体的初步形状，再通过各种实体修饰功能对实体作进一步的编辑、修改，最终完成零件实体设计。

零件设计功能大致可分为以下几类：

（1）由二维草图延伸到三维实体的功能，见 Sketch-Based Features 工具栏。基于草图特征，工具栏具有凸台、旋转成形、肋、加强筋、减轻槽、旋转沟槽、挖槽、钻孔、层叠成型等功能。

（2）在实体上进行再加工的功能，见 Dress-Up Features 工具栏。装饰特征工具栏可以在完成简单实体的基础上，在不改变整个零件的基本轮廓下进行修饰操作，包括圆角、倒角、拔模角、薄壳、厚度和攻螺纹等 6 类功能。

（3）在曲面上再加工的功能，见 Surface-Based Features 工具栏。基于曲面的实体，在曲面的基础上生成实体。

（4）实体变换，见 Transformation Features 工具栏。实体特征变化操作，对实体作缩放、平移、阵列、对称等特征操作。

（5）不同实体之间的布尔运算，见 Boolean Operation 工具栏。实体组合，将不同的实体作布尔运算，组合出新的实体。

（6）零件的标注功能，见 Annotations 工具栏，用于标注各实体。

（7）在空间建立点、线、面的功能，见 Reference Element 工具栏。创建参考元素，绘制点、线、面作为参考元素。

2. 装配设计模块

装配设计（Assembly Design，ASD）是 CATIA 最基本的也是最具有优势和特色的功能模块，包括创建装配体、添加指定的部件或零件到装配体、创建部件之间的装配关系、移动和布置装配成员、生成部件的爆炸图、装配干涉和间隙分析等主要功能。

产品是装配设计的最终产物，它是由一些部件组成的。部件也称作组件，它是由至少一个零件组成的。产品和部件是相对的。

装配模块具有以下特点：

（1）提供了方便的部件定位方法，轻松设置部件间的位置关系。系统提供了相合、接触、距离、角度、固定、固联 6 种约束方式。通过对部件添加多个约束，可以准确地把部件装配到位。

（2）提供了强大的爆炸图工具，可以方便地生成装配体的爆炸图。

（3）提供了强大的零件库，可以直接向装配体中添加标准零件。

3. 创成式曲面设计模块

创成式曲面设计（Generative Shape Design，GSD）与零件设计模块集成在一个程序中，可以相互切换进行混合设计。创成式曲面设计是 CATIA 功能最为强大的模块，它为用户提供了一系列应用广泛、功能强大、使用方便的工具集，以建立和修改复杂外形设计所需的各种曲面。同时，创成式曲面设计采用了基于特征的设计方法和全相关技术，在设计过程中能有效地捕捉设计者的设计意图，因此极大地提高了设计的质量与效率，并为后续设计更改提供了强有力的技术支持。

曲面设计常用功能如下：

（1）线框工具栏：创建点、线、平面及各种空间曲线。

（2）曲面工具栏：创建基本曲面、球面及圆柱面，实现曲面偏移、填充、桥接、旋转、扫掠及适应性扫掠等操作。

（3）体积工具栏：具有包络体拉伸、多截面包络体、扫掠包络体、厚曲面、封闭曲面、抽壳等功能。

（4）变换工具栏：对建立的曲线或曲面进行编辑及变换操作，如接合曲面、修复曲面、取消修剪曲面、分割元素、沿某一方向平移元素、对称变换、放射变换、绕轴旋转、缩放变换元素、阵列等等。

（5）优化工具栏：实现倒角、倒圆角、面与面的圆角、样式圆角、缝合曲面等操作。

（6）视图工具栏：可实现平行、平移、旋转、缩放、法线视图、等距、着色、多视图等操作。

3.1.2 工程项目硬件

BIM 技术对于计算机预算性能的要求主要体现在数据运算能力、图形显示能力、信息处理数量等几个方面。因此，笔者针对所选软件的各方面要求，并结合设计人员、施工人员的工作分工，配备不同的硬件资源，以达到 IT 基础结构投资的合理性价比。

根据 BIM 的不同应用，将硬件分为不同级别，并确定各级别的具体配置，即阶梯式的配置模式：基本级应用配置、标准级应用配置、专业级应用配置（表 3.1-1）。

表 3.1-1　硬件配置分级

项目	基本级应用配置	标准级应用配置	专业级应用配置
典型应用	局部设计建模（按专业、区域等拆分）， 模型构件造型， 专业内冲突检查， ……	多专业综合协调， 专业间冲突检测， 常规建筑性能分析， 精细渲染， ……	施工工艺模拟， BIM 虚拟建造（4D）， 高端建筑性能分析， 超大规模集中渲染， ……
适用范围	适用于企业大多数设计、施工人员	适用于各专业设计骨干人员、分析人员、可视化人员	适用于企业少量高端 BIM 应用人员

本项目使用标准级应用配置，具体如表 3.1-2 —3.1-4 所示。

表 3.1-2　机架式服务器

品种	品牌	型号	性能
CPU	Interl	E5-2620V2	主频最大 2.6 G，6 核 12 线程，服务器用
主板	IBM	Interl 服务器主板	支持双 CPU，768 G 内存
内存	IBM	8 G×2	服务器 ECC 专用内存
硬盘	IBM	SAS 600G×2	支持 RAID 0、RAID 1
机箱	IBM	机架式结构	
电源	IBM	550	550 W，机架式服务器专用
光驱	IBM	DVD-RW	超薄
网口	IBM	千兆	4 个千兆接口

表 3.1-3　台式终端机配置

品种	品牌	型号	性能
CPU	Interl	i7-4820K	主频最大 3.9 G，4 核 8 线程，旗舰版
主板	技嘉	X79-UP4	独家“333”智能芯片，最全面的 X79
内存	金士顿	8 G 骇客神条	单根 8 G，性能超群稳定性高
硬盘	三星	SSD 840PRO	市面最好的 512 G 固态硬盘
	希捷	ST 2000 G	64 M 大缓存，速度快，性能高
显卡	蓝宝石	R9 280X 白金版	
显示器	三星	S24D360HL	超丽屏，可视角度大，对比度高
机箱		全塔机箱	
电源	安钛克	VP600P	欧洲知名品牌，稳定性极好
其他	山特	MT1000PRO	650 W，可支持 5 分钟左右
	TT	CPU 水冷散热器	至尊海神，纯陶瓷轴承，7 万小时寿命

表 3.1-4　Dell M6800 笔记本终端机配置

品种	类型	性能
CPU	Interl 酷睿i7-4900MQ	CPU 主频2.8 GHz，最高睿频3.8 GHz
主板	Interl QM87	2 个全高和2 个半高迷你卡插槽
内存	DDR3	16 GB，8 GB×2，1 600 MHz，DDR3 L
存储规格	SATA	256 GB，2.5 英寸SATA 固态硬盘
显卡	GDDR5	2 GB，NVIDIA Quadro K4100M
电源描述		9 芯电池，240 W 交流适配器

台式终端机主要用于模型构建等设计工作，兼顾施工管理平台信息录入及查询等工作；笔记本终端机用于施工管理平台信息管理工作。

3.2 知识工程

1. 知识工程概述

知识工程（Knowledge Based Engineering，KBE）是一个非常广泛的概念，至今还没有统一的定义。其基本思想是寻求并记录不同工程、设计和产品配置的知识，并且对它加以理解、抽象、描述、使用和维护，这些知识是要被用来策划、设计和完成一种产品、一个项目的。知识工程是一门新兴的工程技术学科，它以研究知识信息处理为主，并提供开发智能系统的技术，是人工智能、数据库技术、数理逻辑、认知科学、心理学等学科交叉发展的结果。

知识工程是人工智能在知识信息处理方面的发展，它主要研究如何由计算机表示知识，进行问题的智能求解。其研究使人工智能的研究从理论转向了应用，从基于推理的模型转向基于知识的模型，是新一代计算机的重要理论基础。它的根本目的是在研究知识的基础上开发人工智能系统，补充和增强大脑的功能，开创人机共同思考的时代。知识表示、知识利用、知识获取构成了知识工程的基础。

2. 知识工程内涵

当今主流的三维 CAD 软件如 UG、CATIA 等，都已加入知识模块，其目的是使 CAD 技术真正建立在设计人员的经验和知识基础之上，而不再仅仅是简单的软件操作人员。设计人员可以将自己的设计思想加入软件中去。

它不仅是参考经验知识的辅助设计，更是在现有经验知识基础之上的进一步积累和创新，是一个包含了对知识的继承、集成、创新和管理的过程。因此，知识工程是以知识为核心的人工智能领域的应用系统工程，是基于知识获取、知识表达、知识推理等方法的系统，故其内涵可以归结为知识获取、知识库、推理机制。

3. 知识工程的应用意义

（1）KBE 使得自动化设计提高了一个层次，降低了设计迭代的次数，从而缩短了设计周期。

（2）KBE 使得 CAD 设计融入了领域专家的经验与知识，在不需要人工参与或者很少参与的情况下，能快速、自动地根据用户的要求改变或者产生新的设计方案，提高设计品质。

（3）KBE 使得在设计早期就可以检查出设计方案在可制造性、工艺性、成本等方面的可行性，便于并行工程的实施，从而降低设计成本。

3.3 建模规范

由于不同建筑项目在不同阶段对 BIM 模型的应用需求不同（如模型表现、出图、冲突检测、耗能分析、机电深化设计等），所需要的模型信息量也有所不同，应事先明确该模型所需要的建模深度，才能使模型达到合理的使用性能，同时也能合理地控制建模的成本。

3.3.1 建模相关内容

BIM 必须按照符合工程要求的有序规则创建，才能为后续深层应用提供完整有效的数据资源，在设计、施工、运维等建筑生命周期的各个环节中发挥出作用。建模方法规范的具体内容应根据 BIM 建模软件、项目阶段、业主要求、后续 BIM 应用需求和目标等综合考虑制定。

1. 模型的类型及用途

根据 BIM 的不同用途以及每种用途对模型的不同要求，可以建立各种不同类型的 BIM，一般包括体量模型（前期、概要）、设计模型、可视化模型、建筑性能及环境分析模型、综合协调模型、施工模型、建造模型、设施管理模型。其中，设计模型是整个 BIM 应用的重要基础。对设计模型进行适当的修改和调整，可用于创建可视化、建筑性能及环境分析以及综合协调模型；设计模型加入所需的必要信息，就可以创建生成施工模型和设施管理模型；建造模型可直接创建，也可以设计模型的相关部分为基础，通过深化、细化生成。

2. 建模前的准备工作

（1）仔细了解并确定项目 BIM 的交付要求和交付计划。检查确定项目的 BIM 目标，包括 BIM 的预期目的和拟定用途，并与项目所有参与者进行沟通，以确保所有的项目参与者理解。

（2）检查验证以确保相关的 BIM 建模工具可以满足 BIM 的需求，并能够提供足够的支持。

（3）组织参与项目的所有专业及各方面人员的协调会，就 BIM 在项目选定的所有软件之间的交换确定解决方案并达成共识。会议基本解决所有可预见的技术问题，保证各专业开始建模工作。

（4）使用 Smart 3D 创建测试模型，根据项目需求发现该软件建模工具不适合，改用 CATIA V6 替代。

（5）明确各专业及项目参与方之间的所有数据接口，包括每个专业模型所包含的内容和信息。

（6）建立一个所有项目参与者可以访问到的最新版本模型的交互平台，该平台为处理整个模型数据更新的服务器。

（7）确定文件、建筑空间、区域的命名规范，建立标高准则。

（8）收集 BIM 设计中需要的所有图纸及设计、施工资料。

3. 建模的一般要求及建模准则

（1）建模的一般要求

①首先要考虑模型结构和组成的正确性及协调一致性。模型的协调一致性是使其可用于后续流程的关键，如果模型有严重的结构错误，就不能使用该模型所包含的信息。

②根据需要，分阶段创建模型。

③模型的建模深度及详细程度应满足各阶段的交付要求，要避免过度建模。

④使用正确的构件类型，以反映构件的实际功能。

⑤模型构件充分考虑施工顺序。

⑥模型不能包含不完整的结构或与其他没有关联关系的构件；避免使用重复和重叠构件，在输出 BIM 前，在建模工具内使用模型检查工具进行检查。

⑦当通过移动构件或改变构件类型来修改或更新模型时，保留构件的全局唯一标识符，以便记录模型版本并跟踪模型变更。

⑧检查构件之间的正确关系。重要的关系包括区域（空间构件分组）和系统（主要技术性构件分组）。

⑨检查构件属性及特性中文本域的使用，即构件名和类型名是否符合命名规则。为了在后续流程中使用 BIM，必须严格遵守既定的标准。

⑩在项目的每个阶段，要限制使用构件属性的实际要求和详细说明，以防过度使用属性，导致模型过于庞大复杂而重新设计。

⑪在发布并与其他专业共享模型前，要先在专业内部对模型进行检查。

（2）模型建模准则

①单位和坐标

A. 项目长度单位为毫米，标高的单位也为毫米。

B. 使用相对标高，±0.000 即坐标原点，综合管线使用相应的相对标高。

C. 为所有 BIM 数据定义通用坐标系，保证模型拼接时能够对齐、对正。

②模型依据

A. 以设计单位提供的通过审查的有效施工图纸为数据来源进行建模。

B. 以相关规范和标准图集为数据进行建模。

C. 以设计变更为数据来进行模型更新。

D. 根据施工方案和施工记录细化模型。

4. 模型层次划分规定

（1）区间模型

按建筑分区，分为道岔区、单洞单线、单洞双线。

按施工工序，分为 1 部开挖、2 部开挖、3 部开挖、4 部开挖、5 部开挖等。

按建筑构件，分为超前小导管、喷射混凝土、钢支撑、钢筋网片、砂浆锚杆、组合式中空锚杆、锁脚锚杆、拱墙 / 仰拱防水层、拱墙、仰拱及回填、二衬钢筋等。

（2）车站隧道模型

按施工工序，分为 1 部开挖、2 部开挖、3 部开挖、4 部开挖、5 部开挖等。按建筑构件，分为超前小导管、喷射混凝土、钢支撑、钢筋网片、砂浆锚杆、组合式中空锚杆、锁脚锚杆、拱墙 / 仰拱防水层、拱墙、仰拱及回填、二衬钢筋等。

按断面衬砌类型，分为标准衬砌、加强衬砌。

（3）车站站内主体模型

按专业，分为建筑、结构。

按楼层，分为站台层、站厅层。

按建筑构件，分为梁、楼板、柱、风道。

（4）车站站内附属模型

按分区，分为 1 号出入口、2 号出入口、3 号出入口。

按建筑构件，分为楼梯、顶板、底板、墙、梁、柱等。

（5）车站综合管线

按专业，分为给排水、电气、暖通等。

按楼层，分为站台层、站厅层等。

按系统，分为消防系统、给水系统、大系统、小系统等。

5. 区间模型命名规则

（1）命名的一般原则

①使 CATIA 文件获得唯一储存标识，主要包括零件号、文档名；

②便于共享、可识别和使用；

③在保证设计需求的情况下，减少数据的冗余；

④便于追溯和进行版本的有效控制；

⑤便于识别同一零部件模型的不同状态；

⑥文档名与零件号名称一致。

（2）各构件命名规则

①区间隧道模型命名规则

区间构件模型命名主要由四个部分组成，每个部分代表的意义如图 3.3-1 所示。

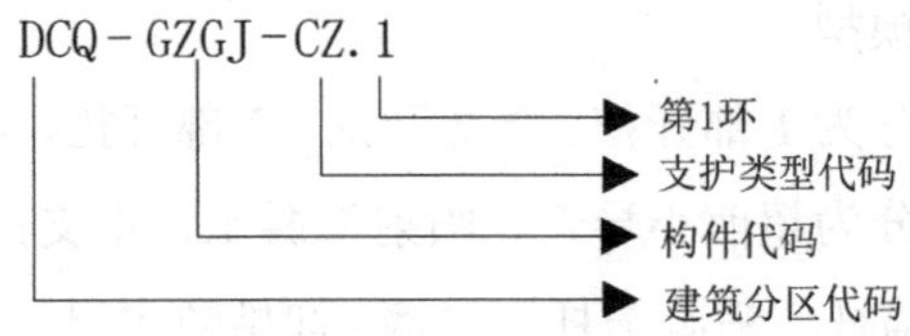

图 3.3-1　道岔区初支工字钢架命名示例说明

②建筑分区代码

建筑分区代码主要由建筑分区中文名称每字的首位大写拼音字母组成，本模型区间隧道的建筑分区代码如表 3.3-1 所示。

表 3.3-1　建筑分区代码

建筑分区中文名称	建筑分区代码
道岔区	DCQ
接触网	JCW
左线单洞单线	ZDD
右线单洞单线	YDD
左线单洞双线	ZDS
右线单洞双线	YDS

③构件代码

构件代码主要由构件中文名称每字的首位大写拼音字母组成，本模型区间隧道的构件代码如表 3.3-2 所示。

表 3.3-2　构件代码

构件中文名称	构件代码
工字钢架	GZGJ
超前小导管	GQXDG
注浆锚杆	ZJMG
锁顶锚杆	SDMG
砂浆锚杆	SJMG
拱墙初喷	GQCP
防水层	FSC
钢筋网片	GJWP
拱墙	GQ
仰拱	YG
仰拱加封	YGJF
二衬钢筋	ECGJ

④支护类型代码

支护类型代码主要由支护类型中文名称每字的首位大写拼音字母组成，

本模型区间隧道的支护类型代码如表 3.3-3 所示。

表 3.3-3　支护类型代码

支护类型中文名称	支护类型代码
初支	CZ
临支	LZ
二衬	EC

6. 车站隧道模型命名规则

车站隧道构件模型命名主要由四个部分组成，每个部分代表的意义如图 3.3-2 所示。

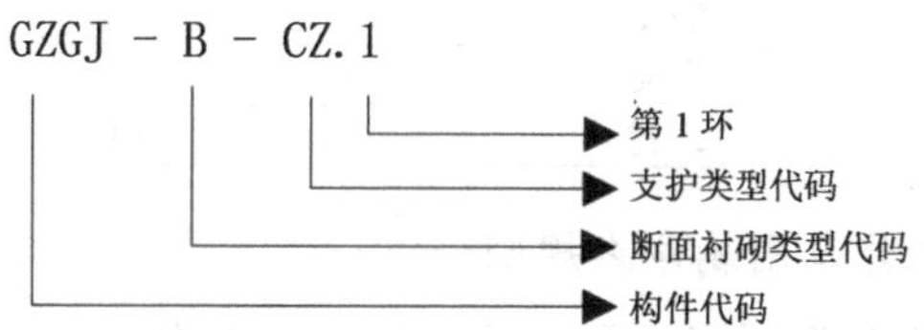

图 3.3-2　车站隧道加强衬砌工字钢架命名示例说明

（1）构件代码

构件代码主要由构件中文名称每字的首位大写拼音字母组成，如表 3.3-4 所示。

表 3.3-4　构件代码

构件中文名称	构件代码
工字钢架	GZGJ
超前小导管	GQXDG
注浆锚杆	ZJMG
锁顶锚杆	SDMG
砂浆锚杆	SJMG
拱墙初喷	GQCP
防水层	FSC
钢筋网片	GJWP
拱墙	GQ
仰拱	YG
仰拱加封	YGJF
二衬钢筋	ECGJ

（2）断面衬砌类型代码

断面衬砌类型代码主要由支护类型中文名称每字的首位大写拼音字母组成，车站隧道的断面衬砌类型代码如表 3.3-5 所示。

表 3.3-5　断面衬砌类型代码

断面衬砌类型中文名称	断面衬砌类型代码
标准衬砌断面	BZCQDM
加强衬砌断面	JQCQDM

（3）支护类型代码

支护类型代码主要由支护类型中文名称每字的首位大写拼音字母组成，车站的支护类型代码如表 3.3-6 所示。

表 3.3-6　支护类型代码

支护类型中文名称	支护类型代码
初支	CZ
临支	LZ
二衬	EC

7. 车站站内主体及附属命名规则

车站站内主体及附属模型梁、柱、板、墙命名主要由四个部分组成，每个部分代表的意义如图 3.3-3 所示。

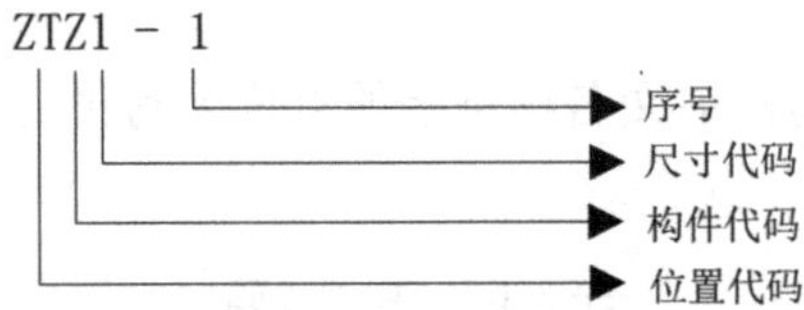

图 3.3-3　车站站内主体及附属命名规则

（1）位置代码

车站站内主体的位置代码如表 3.3-7 所示。

表 3.3-7　位置代码

楼层中文名称	位置代码
站厅层	ZTA
站台层	ZT

（2）构件代码

构件代码主要由构件中文名称每字的首位大写拼音字母组成，车站站内主体的构件代码如表 3.3-8 所示。

（3）尺寸代码

车站站内主体柱的尺寸代码如表 3.3-9 所示。

车站站内主体梁的尺寸代码如表 3.3-10 所示。

车站站内主体墙和板的尺寸代码如表 3.3-11 所示。

表 3.3-8　构件代码

构件中文名称	构件代码
柱	Z
梁	L
板	B
墙	Q

表 3.3-9　柱的尺寸代码

尺寸（长 × 宽）	尺寸代码
300 mm×300 mm	1
200 mm×300 mm	2
250 mm×250 mm	3
非标准	0

表 3.3-10　梁的尺寸代码

尺寸（长 × 宽）	尺寸代码
300 mm×500 mm	1
200 mm×400 mm	2
250 mm×400 mm	3
300 mm×700 mm	4
非标准	0

表 3.3-11　墙和板的尺寸代码

尺寸（厚）	尺寸代码
100 mm	1
200 mm	2
300 mm	3
400 mm	4
500 mm	5
600 mm	6
700 mm	7
800 mm	8
非标准	0

8. 构件的主要参数属性设置规则

工程信息是 BIM 的核心，为了统计消耗的材料，除了命名外，模型还要反映必要的工程信息，这样才能在设计施工及运营阶段更好地发挥 BIM 的作用。在每个基本构件上需定义参数属性，如图 3.3-4、3.3-5 所示。

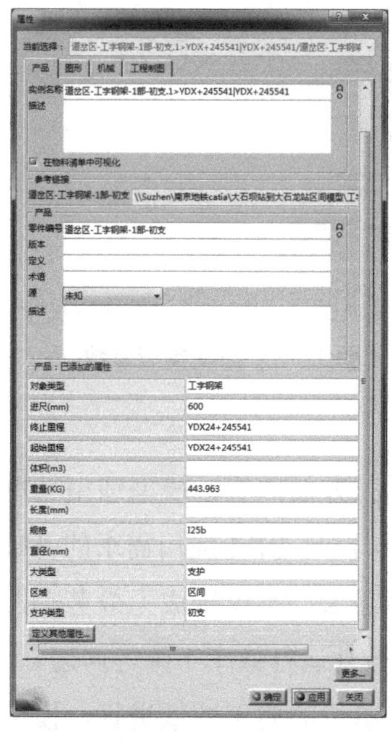

图 3.3-4　工字钢架参数属性录入效果图

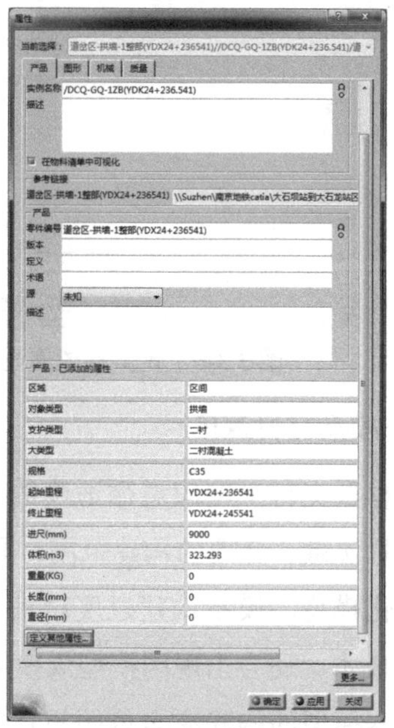

图 3.3-5　二衬混凝圭参数属性录入效果图

定义构件参数属性规则步骤如下：

第一步：单击构件，右键选择属性，或者使用 Alt+Enter 键，进入属性定义界面。

第二步：选择“定义其他属性”，如图 3.3-6 所示。

第三步：新建类型参数，如果参数属性值为全阿拉伯数字，参数类型选择实数，如果参数类型值为非阿拉伯数字，参数类型选择字符串，如图 3.3-7 所示。

第四步：输入参数属性的名称和数值，单击“确定”，完成属性定义，如图 3.3-8 所示。

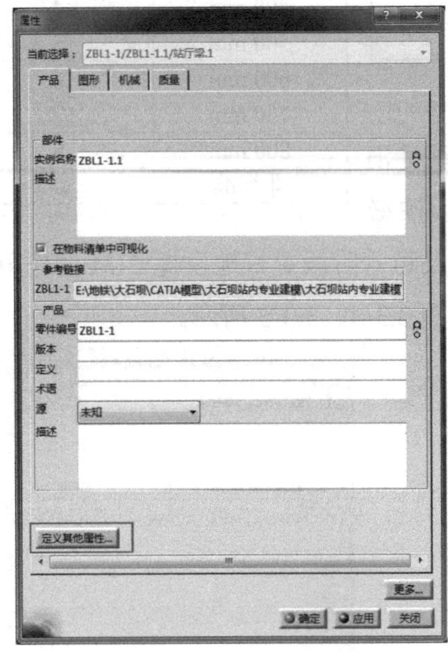

图 3.3-6　定义参数属性

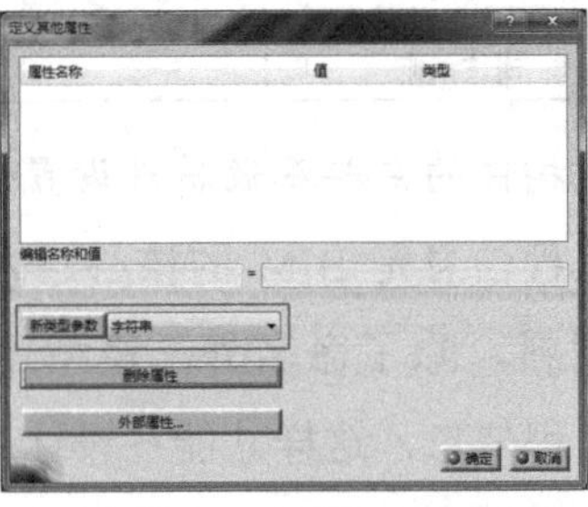

图 3.3-7　选择参数类型

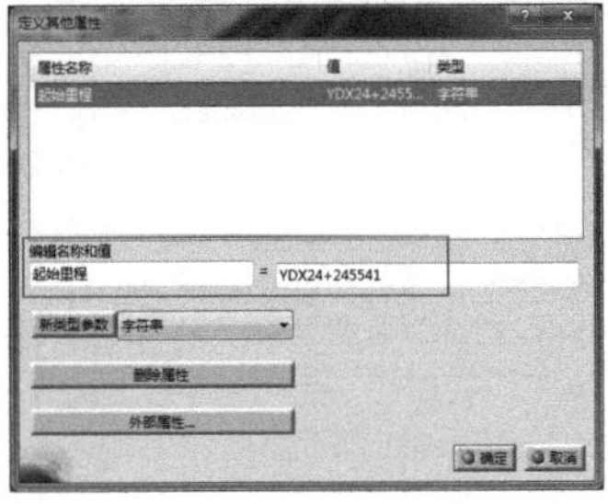

图 3.3-8　新建类型参数

3.3.2 模型交付深度

模型交付深度应遵循适度的原则，包括三方面内容：模型造型精度、模型信息含量、合理的构建范围。同时，在能够满足 BIM 应用需求的基础上尽量简化模型。模型构建过度精细，超出应用需求，不仅造成无效劳动，增加 BIM 成本，还会出现因模型规模庞大而导致软件运行效率下降等问题。

本模型的构建完全依照设计院交给施工单位的施工图纸进行，模型交付深度满足施工单位需求，其精度要求如表 3.3-12 所示。

表 3.3-12　模型精度要求

模型内容	精度要求	分类
超前小导管	模型实际尺寸、简化后形状、位置、颜色、命名	超前支护
喷射混凝土	模型实际尺寸、实际形状、位置、颜色、命名	初支
钢筋网片	模型实际尺寸、简化后形状、位置、颜色、命名	基坑支护
各种锚杆	模型实际尺寸、简化后形状、位置、颜色、命名	
钢支撑	模型实际尺寸、实际形状、位置、颜色、命名	
防水层	模型实际尺寸、实际形状、位置、颜色、命名	
拱墙	模型实际尺寸、实际形状、位置、颜色、命名	二次衬砌
仰拱及填充	模型实际尺寸、实际形状、位置、颜色、命名	
钢筋工程	模型实际尺寸、简化后形状、位置、颜色、命名	
模板工程	模型实际尺寸、简化后形状、位置、颜色、命名	
场地	模型大概尺寸、简化后形状、位置、颜色、命名	场地
地质	模型大概尺寸、简化后形状、位置、颜色、命名	地形
墙、楼板、柱、梁、楼梯	模型实际尺寸、实际形状、位置、颜色、命名	车站站内主体结构
出入口	模型实际尺寸、实际形状、位置、颜色、命名	车站站内附属结构
给排水	模型实际尺寸、实际形状、位置、颜色、命名	综合管线
暖通	模型实际尺寸、实际形状、位置、颜色、命名	
电气	模型实际尺寸、实际形状、位置、颜色、命名	

本项目中超前小导管、各种锚杆、场地、地质属于简化形状的模型，没有严格按照实际形状进行建模，一部分原因是图纸的信息属于示意，另一部分原因是考虑到模型规模及信息量太大，为了提高加载速度，在不影响工程量统计的前提下简化了模型的形状。

3.4 地质模型的建立

3.4.1 车站及区间的工程范围

1. 大石坝车站工程范围

本项目试验车站为重庆 5105 标大石坝暗挖车站。大石坝站是重庆市轨道交通五号线一期工程的中间站，位于江北鸿恩寺区域大石坝片区，车站主体在市政道路红石路下方，在规划的市政道路“三纵线”地下隧道之间同步建设。

车站设计起讫里程范围为：YCK24+245.541—YCK24+475.861，总长 230.32 m。

车站有效站台中心里程为 YCK24+378.211。车站采用地下单拱双层岛式结构，线间距为 15.2 m，站台宽度为 12 m，采用暗挖法钻爆施工，复合式衬砌支护。暗挖段车站主体围岩主要为砂质泥岩、砂岩，围岩等级为Ⅳ级，轨面埋深约 43.2 ～ 45.6 m。车站两端区间均采用钻爆法施工。

车站共设 4 个出入口（其中 2、4 号为远期预留出入口）、2 组风亭、1 个消防疏散通道及 1 个无障碍电梯。车站采用施工通道进行施工，主通道接车站站厅层，由施工侧壁上导坑；支通道接站前区间，由区间施工车站中、下导坑。

2. 大大区间工程范围

项目试验区间大大区间为大龙山站—大石坝站区间钻爆法施工段，设计起点右线为 YCK23+814.902—YCK24+245.541，左线为 ZCK23+814.587—ZCK24+245.541，区间隧道左线长 430.954 m，右线长 430.639 m。本段区间除 YCK24+179—YCK24+245.541 道岔段、YCK23+931.412—YCK24+179 停车线段为单洞双线隧道外，其余段均为单洞单线隧道。

地铁暗挖车站及区间隧道 BIM 基于已有的大石坝车站及大大区间 CAD 图纸进行设计。采用达索公司的 CATIA 软件进行主体结构及地质的模型构建，同时对创建完的 BIM 进行整合、渲染和漫游，可视化模拟项目完成后的真实效果。

3.4.2 地质建模

1. 工程地质概况

（1）大石坝车站工程地质

①地形地貌

场区地貌宏观上属构造剥蚀丘陵地貌，现经人工改造地势呈阶梯状，现主要为市区主干道或房屋区，仅车站小里程端至蓝箭宾馆段的局部为原始地貌。沿线地形总体北高南低，场地内最高标高约 267.96 m，最低标高约 248.35 m，相对高差约 20 m，地形坡角一般为 5° ～ 15° ，局部形成陡坡。

②工程地质和水文地质

A. 工程地质情况

工程地质构造位于沙坪坝背斜东翼，岩层倾角较平缓，区内无断层，地质构造简单。场地内地层层序正常，未发现滑坡、断层等不良地质现象。覆土层厚 0.4 ～ 8.7 m，主要为粉质黏土及素填土（素填土主要分布于人工聚集区），下伏侏罗系中统沙溪庙组中厚层状砂质泥岩及砂岩互层，岩体较完整，岩体完整性系数在 0.68 ～ 0.77。砂岩：强风化层 σ[0]=450 kPa，中等风化层 σ[0]=2 500 kPa；砂质泥岩：强风化层 σ[0]=350 kPa、III 级硬土，中等风化层 σ[0]=1 000 kPa。围岩基本级别为Ⅳ级，经修正后围岩级别按Ⅳ级考虑。由于隧道沿线岩层倾角较平缓，隧道围岩开挖后，深埋段拱部无支护时，可产生局部的坍塌；浅埋及超浅埋段拱部无支撑时，顶部极易产生垮塌。

地勘资料显示，本场地未发现断层、滑坡、软弱围岩等不良地质现象。

B. 水文地质情况

车站场地为嘉陵江北岸岸坡中山部，无统一地下水位，局部地下水主要为松散层孔隙水以及基岩裂隙水。地下水来源于大气降水补给。基岩裂隙水主要存在于风化裂隙中，填土厚度小的地段水量有限，填土厚度较大段水量相对较大，而且随季节有所变化。在雨季，松散层孔隙水量相对较大，地下水主要以潜水形式存在。

（2）大大区间工程地质

①地形地貌

本区间地貌宏观上属构造剥蚀丘陵地貌，现经人工改造，地势较平坦，现主要为市区主干道或房屋区，仅长安厂内局部为原始地貌。沿线地形总体两头高中间低（盘溪河低），场地内最高标高约 273 m，最低标高约 233.28 m，相对高差约 40 m，地形坡角一般为 5° ～ 15°，局部形成陡坎。

②工程地质和水文地质

A. 工程地质

场区位于沙坪坝背斜东冀，沿线未发现断层通过。岩层产状：倾向 112° ～ 118° ，倾角 8°，岩层层面较平缓。岩体结构主要受构造裂隙控制。出露的岩层为一套强氧化环境下的河湖相碎屑岩沉积建造，由砂岩—砂质泥岩不等厚的沉积层组成，以紫红色、暗红色泥岩以及粉质砂岩为主，夹青灰色、灰白色中厚至厚层状砂岩；由上而下依次为第四系全新覆盖层（Q4ml）、残坡积层（Q4el+dl）和侏罗系中统沙溪庙组（J2S）沉积岩层。

B. 水文地质

本区间原始地形主要是浅丘地貌，地势较平缓，出露岩层为河湖相沉积岩，水文地质环境总体较简单。场地为嘉陵江北岸岸坡中山部，无统一地下水位，局部地下水主要来源于大气降水补给，基岩裂隙水主要存在于风化裂隙中，填土厚度小的地段水量有限，填土厚度较大段水量相对较大，而且随季节有所变化。雨季松散层孔隙水量相对较大。地下水主要以潜水形式存在。

2. 建模

工程测量需获取工程及周边环境的大量空间信息和基本的属性信息。通过三维地形模型，设计和施工人员可以快速了解和掌握土（岩石）层、地下水、管线、地表现状，有利于处理不良地质、管线交叉等问题。业主方、设计方、施工方等会在三维实体地质模型上将拟建工程内容与工程环境间的关系看得一清二楚。

本模型将车站及区间地质模型作为整体创建。在创成式曲面设计工作平台，依照地勘图，将不同地层岩（土）体轮廓线圈出后建立草图，通过凸台、包络体拉伸、分割等工具将草图轮廓实体化。其绘制过程如下：

（1）新建一个模型文件。在 3D 建模应用程序中选择 Generative Shape Design 模块，进入创成式曲面设计工作台。各应用模块如图 3.4-1 所示。

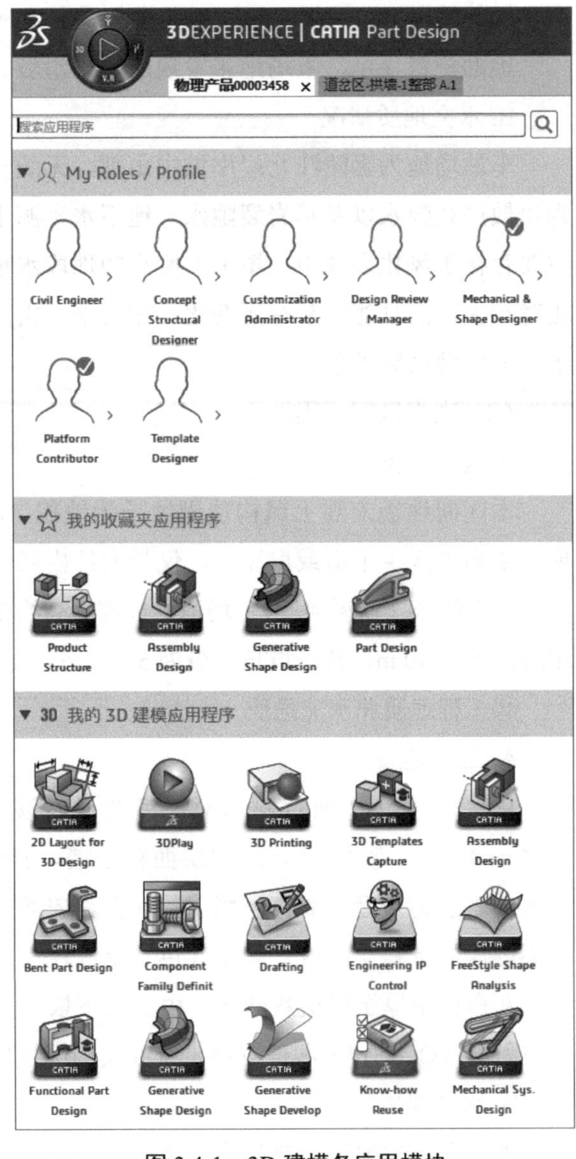

图 3.4-1　3D 建模各应用模块

新零件绘制过程如图 3.4-2 所示。

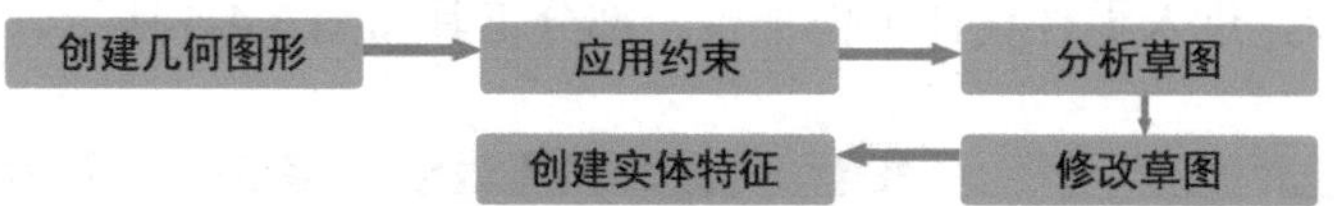

图 3.4-2　新零件绘制过程

（2）绘制草图。

第一步，进入草图工作平台，平台部分工具如图 3.4-3 所示。

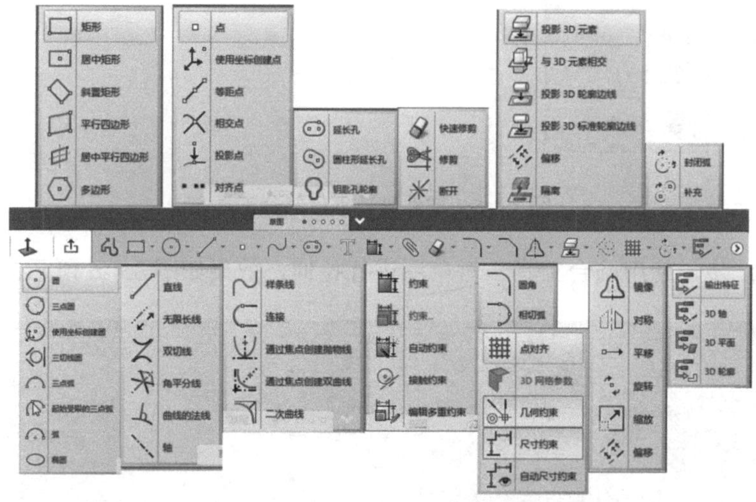

图 3.4-3　草图工作平台部分工具

第二步，从 CAD 中导入所需的地质轮廓，如图 3.4-4 所示。

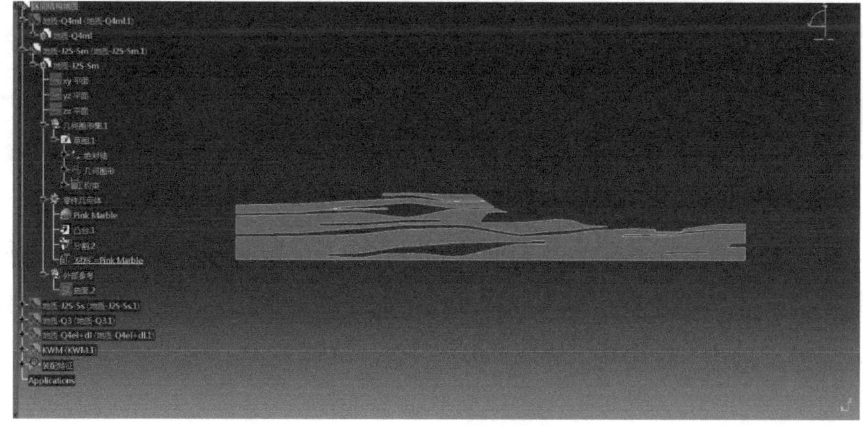

图 3.4-4　导入地质轮廓

（3）生成实体模型，通过凸台命令，形成地质整体。

第一步，进入零件设计工作平台，部分工具如图 3.4-5 所示。

图 3.4-5　零件设计平台部分工具

第二步，使用凸台工具，对草图进行拉伸，效果如图 3.4-6 所示。

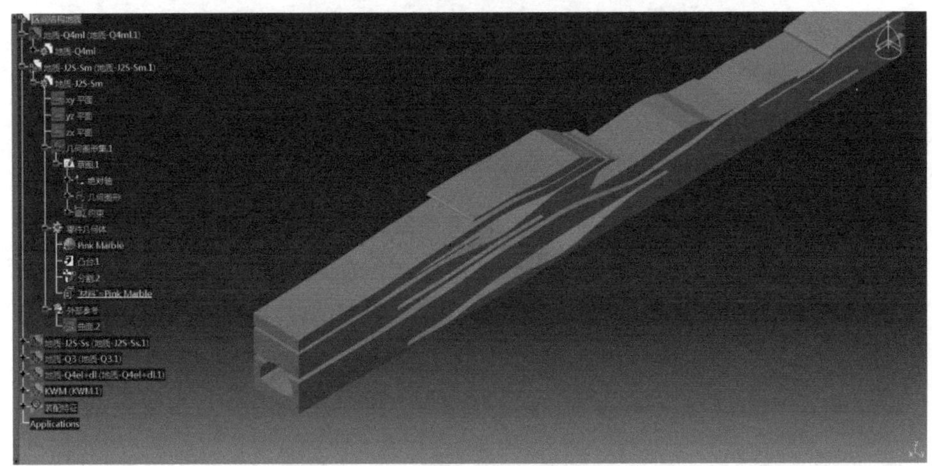

图 3.4-6　区间地质模型凸台生成效果图

由于零件设计工作平台在曲面绘制过程中存在限制，所以不同地层模型的绘制会在零件设计平台与创成式设计平台不断切换，以达到理想的绘制效果。创成式设计平台工具栏如图 3.4-7—3.4-9 所示。

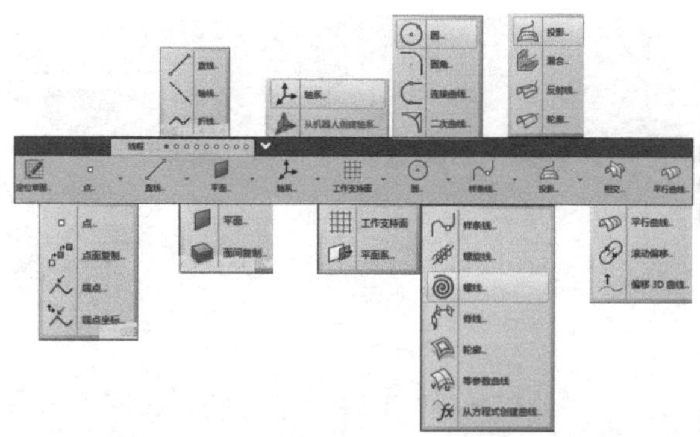

图 3.4-7　创成式设计平台线框工具栏

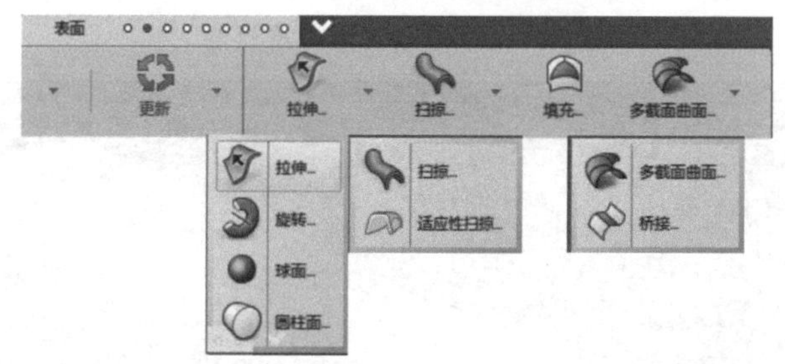

图 3.4-8　创成式设计平台表面工具栏

图 3.4-9　创成式设计平台体积工具栏

第三步，根据不同的地质属性，利用已开发的切割工具进行垂直切割，效果如图 3.4-10 所示。

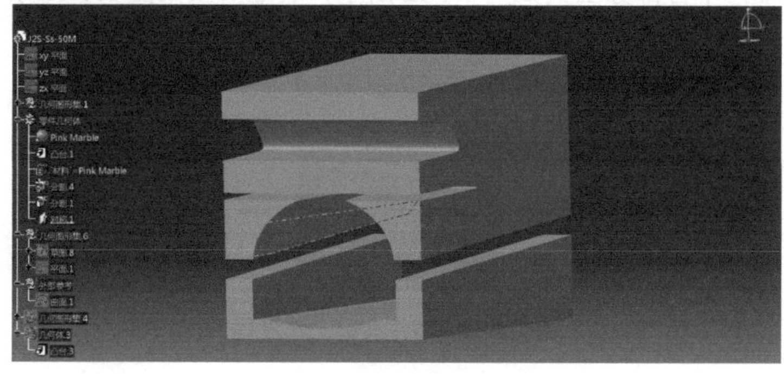

（a）砂岩地质模型

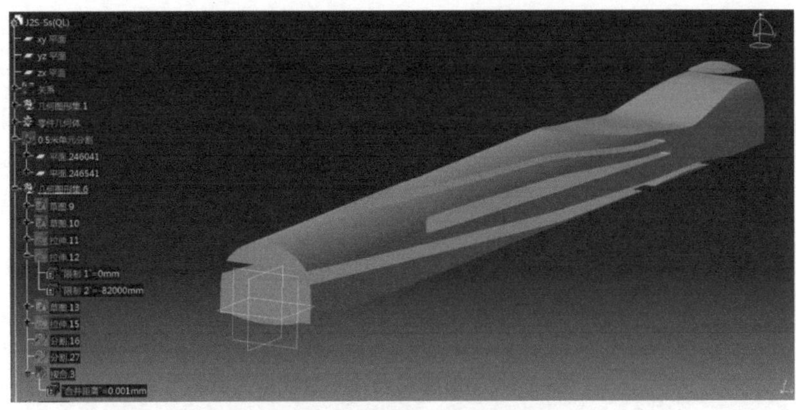

（b）砂质泥岩地质模型

（c）人工填土地质模型

图 3.4-10　车站及区间整体地质模型图

（4）模型零件装配。进入零件装配工作平台，零件装配的工作流程如图 3.4-11 所示，平台部分工具如图 3.4-12 所示，装配后效果图 3.4-13 所示。

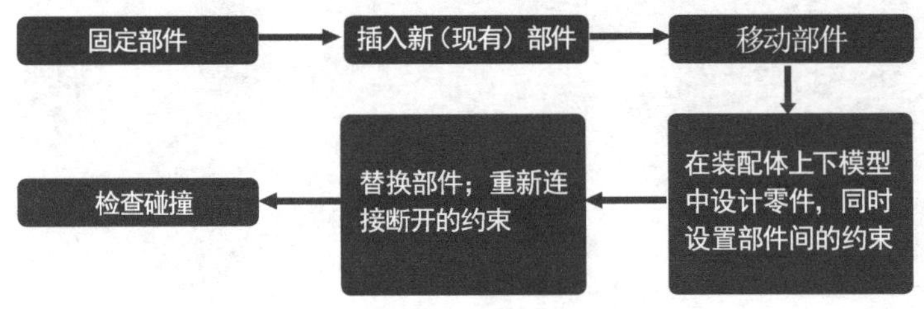

图 3.4-11　零件装配工作流程

图 3.4-12　零件装配平台部分工具

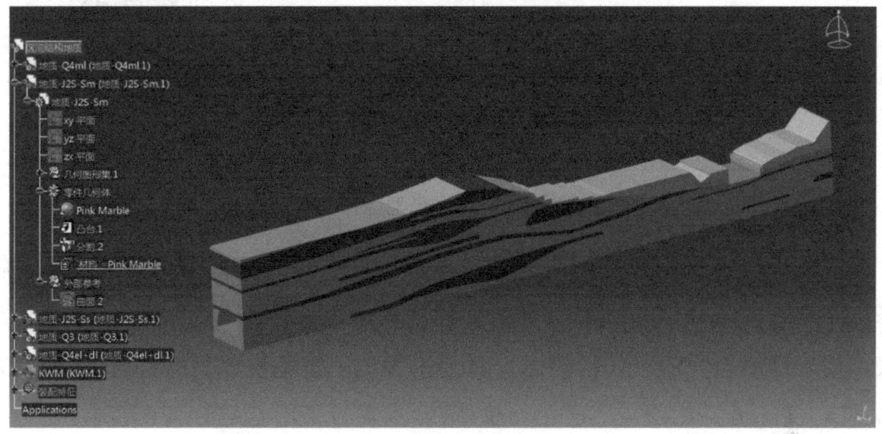

（a）区间地质模型

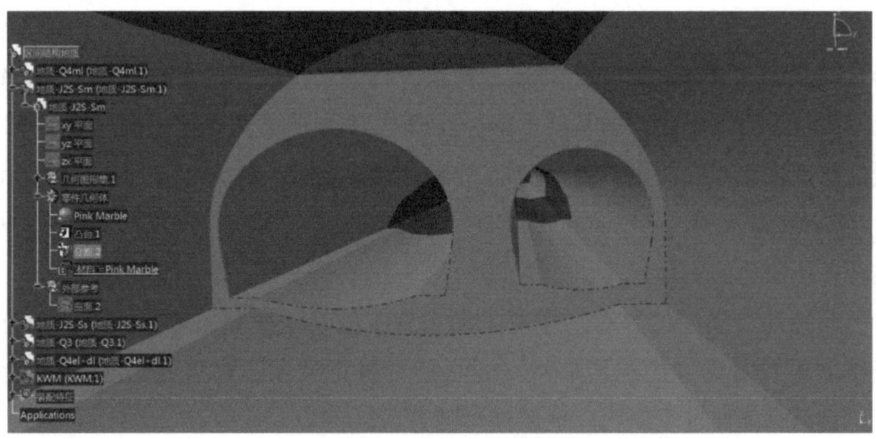

（b）隧道内部地质模型

图 3.4-13　零件装配后效果图

（5）服务器保存。

CATIA V6 保存方式不同于 V5。V6 模型保存到服务器上，具体操作如图 3.4-14 所示。

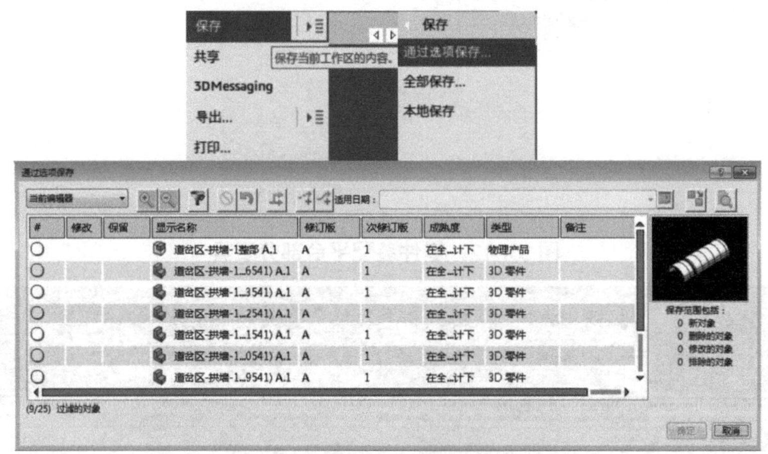

图 3.4-14　模型保存

三维地质模型构建是运用计算机技术在三维空间里将空间信息、地质解译、空间分析和预测、地学统计、实体内容分析及图形可视化等工具结合起来，用于地质研究的一门新技术。目前主流的三维地质建模软件有 GOCAD、CATIA、Petrel 、RMS 、SolidWorks 等。本项目采用 CATIA V6 版本。

理想的 CATIA 地质模型构建应通过三维激光扫描技术获得地表点云数据，即将代表地表高程的 x、y、z 坐标值的点云导入 CATIA 的数字曲面编辑器（Digitized Shape Editor，DSE）模块。将地质测绘资料、地质剖面图、钻孔等资料作为地质建模的基础数据，发挥 CATIA 的曲面建模优势，逐层绘制覆盖层底图、地层曲面、断层曲面和其他地质曲面。然后通过创成式外形设计（Generative Shape Design，GSD）模块的投影、相交、拉伸、切割等命令实现各层曲面的实体化。

此种地质模型的弊端是相对于动态施工的设计变更，地质模型为静态，开挖面不断暴露新的地质信息，无法随时修正录入，若实现此地质模型变更，目前只能通过重新构建地质模型的方式。

3.4.3 车站及区间主体结构的构建

1. 超前小导管

本模型超前小导管仅用作模型效果示意图，模型未完全按照实际超前小导管构建，加劲箍、注浆孔等在模型中未显示。

超前小导管建模具体步骤如下：

（1）导入 CAD 隧道轮廓底图，x 轴为隧道轴线，y 轴为垂直轴线，z 轴为高程坐标，轮廓线位于 yz 平面——草图 1。

（2）沿 x 轴方向拉伸开挖轮廓线 20 mm，形成曲面。

（3）使用相交命令。由于导入的 CAD 轮廓线为不连续草图曲线，需要将新生成的曲面与 yz 面相交，在草图上生成连续曲线，方可进行下一步操作。

（4）在相交后的曲线上创建点，点的类型为在曲线上。

（5）创建一条直线，类型为曲线的角度 / 法线，角度为 90°，选择上一步创建的点。

（6）创建一个平面，类型为曲线的法线，点为步骤（4）创建的点，曲线为相交。

（7）再创建一条直线，类型为曲线的角度 / 法线，平面选择步骤（6）创建的平面，点选择步骤（4）创建的点，角度设为 80°。

（8）再创建一个平面，类型为曲线的法线，点为步骤（4）创建的点，曲线为步骤（7）创建的直线。

（9）使用圆，中心为步骤（4）创建的点，支持面为步骤（8）创建的平面，此圆形轮廓为超前小导管外形轮廓。

（10）使用包络体拉伸，轮廓为步骤（9）创建的圆，方向为步骤（7）创建的直线，生成超前小导管实体。

（11）建立所需参数，如环间距 400 mm，L 为第一根小导管距曲线端点的距离，L_1 为整条曲线的长度，N 为该曲线上布设的锚杆数量。

（12）建立所需的关系。

（13）逐一点击插入—知识工程模板—用户特征，在特征树里选取需要的部件、参数与关系选入内部部件—查看部件输入是否正确—查看输出的元素是不是需要的—类型修改为超自动—在参数里设置需要发布的参数。

（14）创建一个几何图形集，用来放置超前小导管实体。

（15）进入知识工程模块—Knowledge Advisor—loop，input：UDF，context ——步骤（14）建立的几何图形集，输入规则命令，实现多环的复制。

2. 洞身开挖

本部分以道岔区段洞身开挖为例介绍模型的构建过程。道岔区段采用双侧壁导坑法施工。施工时先挖左侧导洞，后挖右侧导洞，导洞分上下台阶施工，并及时施作初期支护和临时支护结构。在初期支护和临时支护的保护下，逐层开挖核心土台阶至基底，然后进行仰拱的施工。采用多功能作业台架配合 YT28 手持风钻同时钻眼，一般爆破循环进尺控制 1 ～ 2 榀钢架的距离。

道岔区段洞身开挖建模具体步骤如下：

（1）做出与地质开挖有关联的底图，并进行凸台命令。

（2）在地质模型一侧创建一个平面，导入底图，确定位置。

（3）拉伸，形成隧道开挖轮廓曲面。

（4）利用装配特征分割，做出隧道通道 7 部截面的地质实体整体。

（5）通过开发插件，切割 7 部截面的地质实体，以模拟施工开挖工程量。

根据施工需要，开挖围岩和二衬混凝土结构根据实际进尺及衬砌施作长度按里程切成若干部分。该切割工具可按起始里程、终止里程、切割长度、切割数量等条件对一个整体进行切割；并根据命名规则，可定义切割符号（里程前缀）、文件存放路径等，快速对一个整体模型按要求切割成若干个小模型；可对 CATIA 两种后缀名文件“.PRODUCT”和“.PART”进行切割。

其余各部开挖模型构建过程与该部相同，不再重复叙述。

3. 初期支护

隧道支护工程内容主要有：隧道开挖后初喷、立拱架、挂钢筋网、打锚杆、喷射砼、注浆，进行超前小导管预支护，下穿盘溪河段设超前大管棚进行超前支护。本段隧道均采用钻爆法暗挖施工，暗挖隧道衬砌结构按新奥法原理设计，采用复合式衬砌。

本区间各断面设计参数及里程如表 3.4-1 所示。

表 3.4-1　大石坝站—大龙山站钻爆区间各断面支护参数表

衬砌类别	初期支护			预留变形量	二次衬砌	仰拱	辅助措施
	C25 喷混凝土	φ8 mm 钢筋网	φ22 mm 锚杆				
单线Ⅳ级加强衬砌	拱、墙 23 cm（铺底 23 cm）	拱、墙 @20 cm×20 cm	拱部组合中空锚杆、边墙砂浆锚杆 @100 cm×60 cm，L=2.5 m，梅花形布置	5 cm	40 cm C35 防水钢筋砼	40 cm C35 防水钢筋砼	全环格栅钢架 @0.6 m，超前小导管 L=5 m，环距 40 cm，纵向间距 3 m
双线Ⅳ级加强衬砌	拱、墙 24 cm（铺底 24 cm）	拱、墙 @20 cm×20 cm	拱部组合中空锚杆、边墙砂浆锚杆 @100 cm×60 cm，L=3.5 m，梅花形布置	8 cm	50 cm C35 防水钢筋砼	50 cm C35 防水钢筋砼	全环 I16 工字钢 @0.6 m，超前小导管 L=5 m，环距 40 cm，纵向间距 3 m
Ⅰ型射流风机安装段衬砌	拱、墙 23 cm（铺底 23 cm）	拱、墙 @20 cm×20 cm	拱墙组合中空锚杆 @80 cm×60 cm，L=3.2 m，梅花形布置	8 cm	45 cm C35 防水钢筋砼	45 cm C35 防水钢筋砼	全环格栅钢架 @0.6 m，超前小导管 L=5 m，环距 40 cm，纵向间距 3.2 m
接触网设备安装段衬砌	拱、墙 33 cm（铺底 33 cm）	@200 cm×200 cm 双层	拱墙组合中空锚杆 @100 cm×60 cm，L=4.5 m，梅花形布置	15 cm	80 cm C35 防水钢筋砼	90 cm C35 防水钢筋砼	全环 I25b 钢架 @0.6 m，超前小导管 L=5 m，环距 40 cm，纵向间距 3 m
Ⅳ级道岔区衬砌	拱、墙 33cm（铺底 33 cm）	@200 cm×200 cm 双层	拱墙 φ25 组合中空锚杆 @100 cm×60 cm，L=4.5 m，梅花形布置	15 cm	80 cm C35 防水钢筋砼	90 cm C35 防水钢筋砼	全环 I25b 钢架 @0.6 m，超前小导管 L=5 m，环距 40 cm，纵向间距 3 m

（1）钢支撑

道岔区段主体支护钢支撑采用 I25b 工字钢，临时支护钢支撑采用 I20a 工字钢，钢支撑间距 60 cm，纵向连接筋采用 φ22 mm 螺纹钢筋，环向间距 1 000 mm。钢支撑具体建模步骤如下：

①工字钢模板

工字钢模板构建步骤如下：

A. 在草图中绘制一曲线，用点到点的方式实现。

B. 在曲线上创建端点。

C. 定义平面，平面类型为曲线的法线。

D. 在步骤 C 生成的平面上绘制工字钢草图轮廓。

E. 在创成式曲面设计平台，点击扫掠包络体，弹出扫掠包络体定义对话框，在对话框中轮廓为步骤 D 工字钢草图轮廓；引导曲线为步骤 A 生成的曲线，其他默认。

F. 建立参数：高度 h、宽度 b、腹板厚度 d、翼缘厚度 t。

G. 通过公式将参数与草图中的实际尺寸建立关系。

H. 通过插入—知识工程模板—用户特征，生成定义用户特征界面，在“内部部件”输入特征树上生成实体所需要的元素，超类型为自动。该步操作的目的是便于后续批量绘制工字钢实体，发布命令设置又可实现个体个性化修改。在选择“内部部件”需要的元素时，需将扫掠包络体纳入，这样才有输出元素为扫掠包络体。

I. 单击插入—知识工程模板—保存在目录中，生成后缀名是“.catalog”的文件。

②钢拱架模型

钢拱架模型构建步骤如下：

A. 建立几何图形集。

B. 将 CAD 隧道开挖边线导入几何图形集中的草图，定义其为当前工作面。

C. 单击工具—目录浏览器调用模板。双击工字钢模板后，出现“插入对象”对话框，在特征树下点击草图轮廓，单击确定。

③钢支撑垫板

钢支撑垫板模型构建步骤如下：

A. 创建钢垫板草图。

B. 在创成式曲面设计平台进行包络体拉伸，生成钢垫板实体模型。

C. 建立参数。

D. 将参数与草图中的实际尺寸建立关系。

E. 保存为模板文件，依次单击插入—知识工程模板—保存在目录中，确定保存路径即可。调用过程与钢支撑调用过程一致，即单击工具—目录浏览器，选择之前保存的路径。

④螺栓

螺栓建模步骤如下：

A. 绘制螺栓外轮廓草图，并使用凸台命令形成一个大致的轮廓，利用旋转槽，表达出螺栓帽的大致形状，再用倒角与螺纹，形成具体的形状。

B. 建立所需要的参数，并与对应的草图数据建立关系。

C. 保存为模板文件，单击插入—知识工程模板—保存在目录中，确定保存路径即可。

⑤螺母

螺母建模步骤如下：

A. 绘制螺母外轮廓草图，使用凸台命令形成一个大致的轮廓，并利用旋转槽，表达出大致形状，再用螺纹，形成具体的形状。

B. 建立所需要的参数，并与对应的草图数据建立关系。

C. 保存为模板文件，单击插入—知识工程模板—保存在目录中，确定保存路径即可。

（2）钢筋网

隧道初支铺设的钢筋网片规格为 ϕ8 mm@200 mm×200 mm。具体建模步骤如下：

①将隧道轮廓线 CAD 引入 CATIA 草图 1，x 轴为隧道轴线，y 轴为垂直轴线，z 轴为高程坐标，轮廓线位于 yz 平面。

②使用样条曲线草图 1 轮廓线生成的样条曲线并拉伸生成曲面。沿 x 轴方向拉伸样条线 1 200 mm，形成曲面。

③在拱脚处曲面一端（即 xz 平面）定义直线，沿 y 轴拉伸，拉伸长度与轮廓线长度一致。

④定义平面，类型为平行通过点，参考 zx 平面。

⑤偏移步骤 4 生成的平面 4 800 mm，在该平面绘制水平钢筋断面轮廓。

⑥沿 y 轴拉伸 1 500 mm 钢筋断面轮廓，后沿 x 轴矩阵形成多根水平钢筋，钢筋间距 200 mm。

⑦重新在步骤 5 生成的平面绘制水平钢筋断面轮廓，与步骤 5 既有钢筋轮廓轴心间距 250 mm。

⑧沿 y 轴拉伸步骤 7 生成的轮廓线 1 500 mm，然后沿 x 轴矩阵形成多根水平钢筋，钢筋间距 200 mm。

⑨以 yz 平面为参考平面绘制轴向水平钢筋轮廓，沿 x 轴拉伸 1 200 mm，沿 y 轴矩阵生成间距 200 mm×250 mm 的轴向双层钢筋。

⑩单击插入—高级曲面—包裹曲面，弹出“包裹曲面变形定义”对话框，要变形的元素为拉伸和矩形阵列生成的钢筋，参考曲面为步骤 3 生成的直线所拉伸的曲面，目标曲面为步骤 2 样条曲线生成的曲面。

⑪ 使用封闭曲面，将生成的钢筋矩阵曲面实体化，生成一循环钢筋网片。

⑫ 重复步骤 5—11，平面偏移距离根据钢筋网片间距不断调整。

⑬ 生成道岔区 1 部初支钢筋网片。

⑭ 进入装配模块，右击 Product—部件—现有部件，把之前生成的一循环钢筋网片导入进来，单击插入—定义多实例化，输入数量，生成多循环钢筋网片模型。

（3）锚杆

本模型中的锚杆模型是一个简化后的模型，没有严格按照实际进行建模，主要原因是考虑到模型数量较大、信息量较多，为了提高加载速度，从而简化了模型的外形。

锚杆构建效果如图 3.4-15 所示。

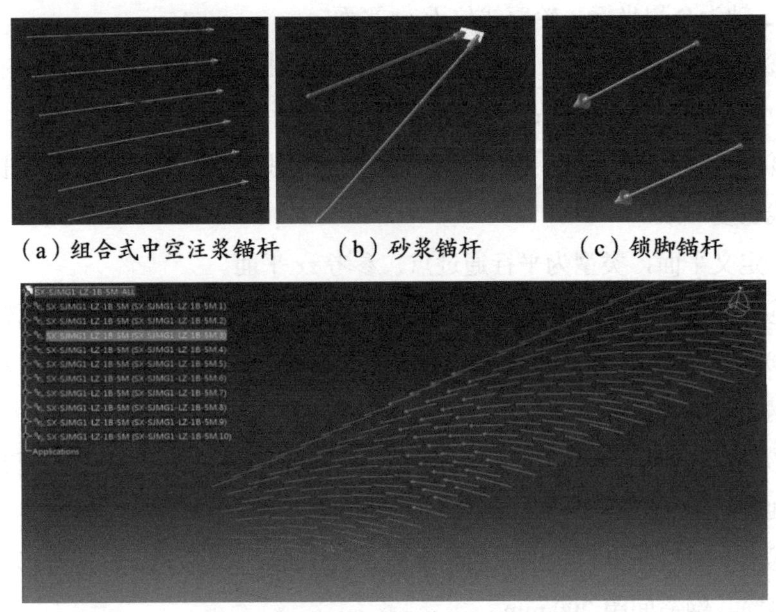

（a）组合式中空注浆锚杆　（b）砂浆锚杆　（c）锁脚锚杆

（d）砂浆锚杆群

（e）锁顶锚杆群

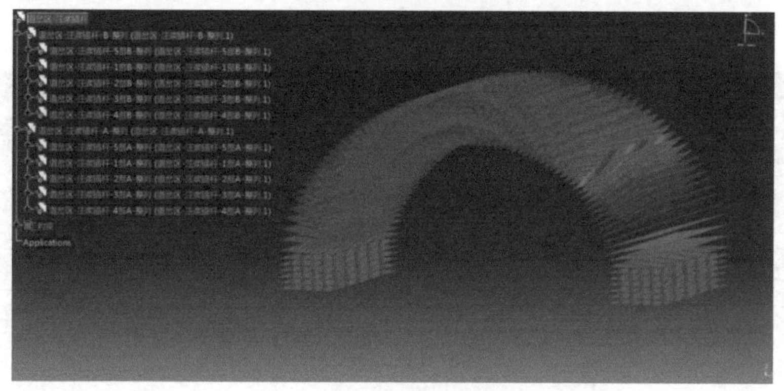

（f）道岔区注浆锚杆

图 3.4-15　锚杆效果图

（4）喷射混凝土

喷射混凝土效果如图 3.4-16 所示。

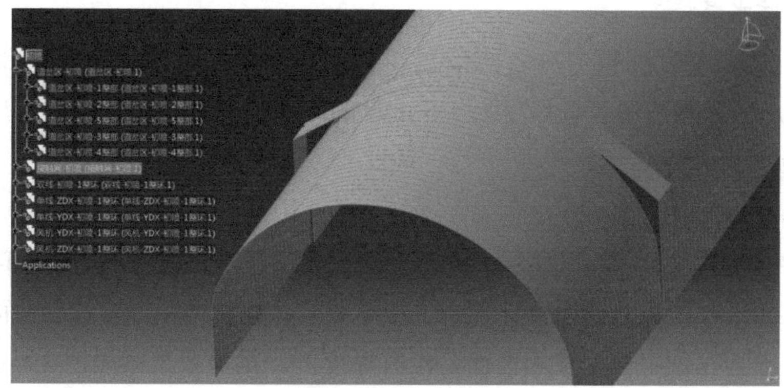

（a）道岔区 + 接触网

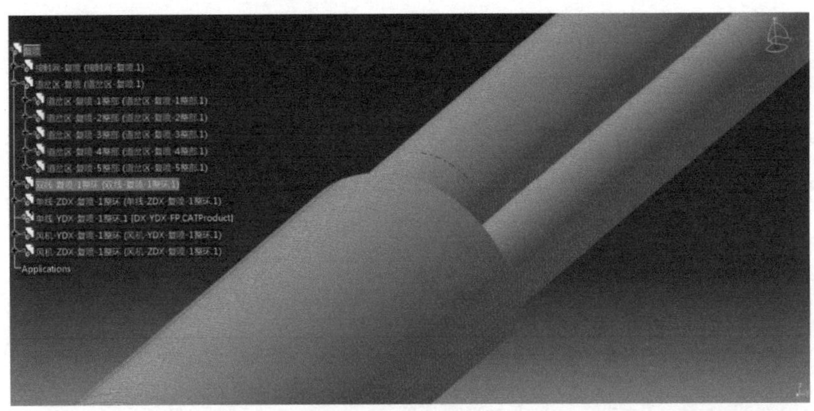

（b）单双线区

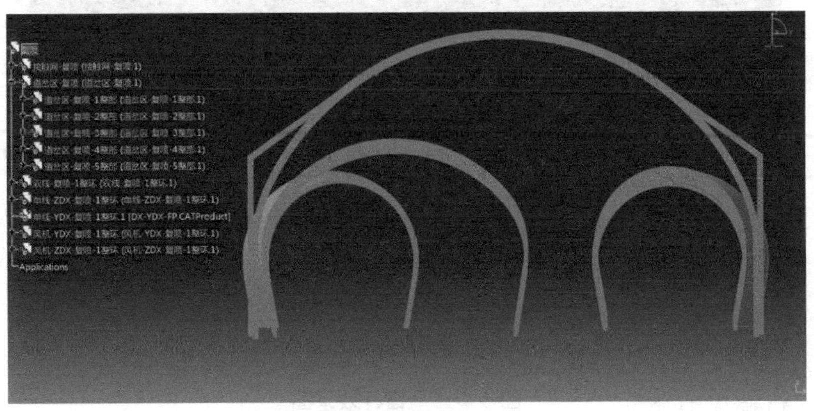

（c）横断面

图 3.4-16　喷射混凝土效果图

4. 防水层施工

暗挖结构初衬和二衬之间设置柔性全包防水层，防水层采用土工布（400 g/m^2）。缓冲层设置厚度为 1.5 mm 的高分子复合自粘胶膜防水层。建模步骤如下：

① 绘制草图轮廓线。

② 在零件设计平台使用凸台工具对草图轮廓线进行拉伸，如图 3.4-17(a) 所示。如果在创成式曲面设计平台进行草图实体化拉伸，就要进行曲面加厚操作，因为在该平台生成的曲面是没有厚度的。拱墙效果图如图 3.4-17（b）所示。

（a）凸台拉伸

（b）拱墙

图 3.4-17　防水层建模效果图

5. 二次衬砌

（1）钢筋工程

基于知识工程绘制的钢筋模型，其创建步骤如下：

① 基于知识工程生成局部箍筋架构

A. 在草图 1 中导入 CAD 隧道开挖轮廓线。

B. 在曲线一端定义点，以此点定义平面，类型为曲线上的法线，在平面上绘制箍筋轴线草图 2。

C. 在创成式曲面设计平台使用扫掠包络体，类型为圆心和半径，生成箍筋实体。

D. 定义参数，通过公式将参数与草图中的实际尺寸建立关系。

E. 单击插入—知识工程模板—用户特征，生成定义用户特征界面。在“内部部件”输入特征树上生成实体所需要的元素，超类型为自动。该步操作的目的是便于后续批量绘制箍筋实体，发布命令设置又可实现个体个性化修改。在选择“内部部件”需要的元素时，需将扫掠包络体纳入，这样才有输出元素为扫掠包络体，生成 UDF1。

F. 创建几何图形集。将利用知识工程循环生成的实体放入此几何图形集中。

G. 进入知识工程平台，单击 LOOP 工具，按照一定的规则循环操作已定义的知识工程模板 UDF1。

② 循环操作进尺范围内钢筋网的生成过程

A. 进入装配模块，右击 Product—部件—现有部件，将之前一循环的箍筋导入进来。

B. 单击插入—定义多实例化，输入复制数量、方向及长度。

（2）模板台车

仰拱采用组合式钢模，单洞单线隧道、单洞双线隧道、道岔区段隧道拱墙采用 9 m 长模板台车。根据工期情况，单洞双线段隧道拱墙可采用型钢 + 组合钢模板施工。

模板台车建模步骤如下：

① 导入二衬拱墙与回填最内侧的轮廓。

② 照此画出模板台车最外侧的钢板的截面形状，进行拉伸操作。

③ 在台车的截面上创建一个平面。

④ 在步骤 ③ 内做多条直线，并赋予钢架截面。

⑤ 复制钢架，钢架两两相隔一定距离，填满台车内部。

⑥ 添加其他的钢架，对其进行修饰。

（3）仰拱及充填模型

仰拱和填充混凝土超前施工，为拱墙衬砌模板台车作业提供条件，并有利于文明施工。仰拱混凝土自中间向两侧对称浇筑，仰拱与回填分开灌筑。为保证仰拱砼的密实度和流动性，仰拱砼坍落度宜为 12 ～ 14 cm，采用人工插入式振动器振捣。振捣时，要轻提轻放，以免破坏防水层和背贴式止水带。仰拱混凝土为非承重结构，强度达到 2.5 MPa 即可拆模，拆模后立即洒水养护。防水混凝土养护不少于 14 天。

第一步，将 CAD 仰拱及充填轮廓线导入草图，如图 3.4-18 和图 3.4-19 所示。

图 3.4-18　仰拱草图

图 3.4-19　充填轮廓线草图

第二步，在零件设计平台使用凸台工具，将草图轮廓线拉伸生成实体，如图 3.4-20 和图 3.4-21 所示。

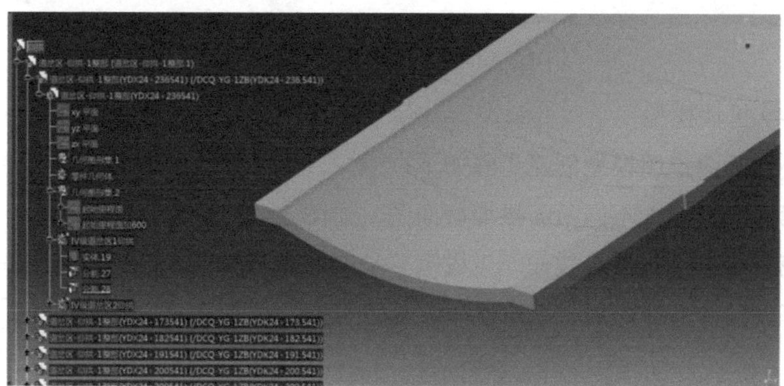

图 3.4-20　仰拱实体

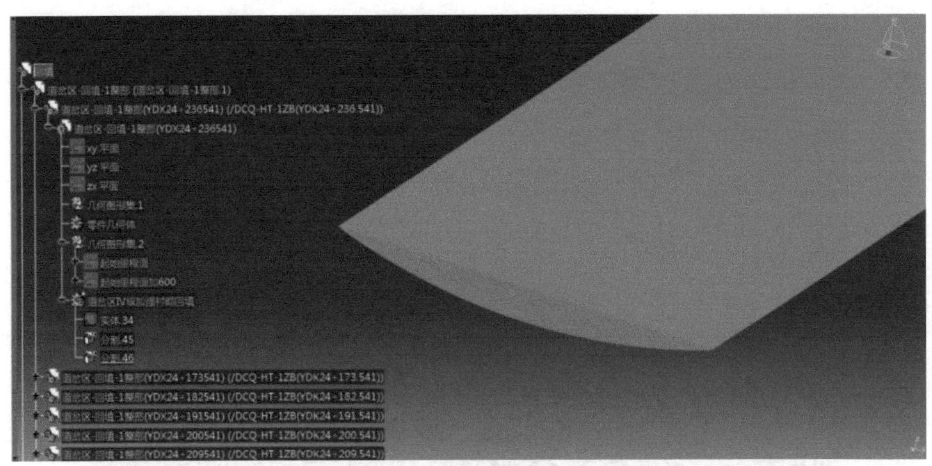

图 3.4-21　充填层实体

仰拱施工模型效果如图 3.4-22 所示。

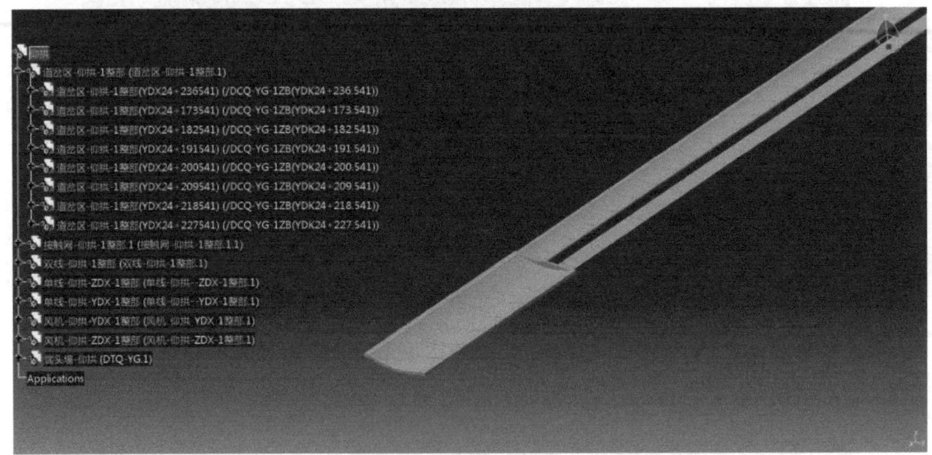

图 3.4-22　仰拱整体效果图

（4）拱墙模型

不同断面拱墙模型创建步骤如下：

第一步，导入不同断面拱墙截面图，如图 3.4-23 所示。

第二步，进行凸台拉伸，生成需要长度的拱墙模型。根据实际施作长度，利用开发插件进行切割。拱墙整体效果如图 3.4-24 所示。

（a）区间单洞双线拱墙

（b）区间单洞单线拱墙

图 3.4-23　拱墙轮廓线

（a）单双线模型

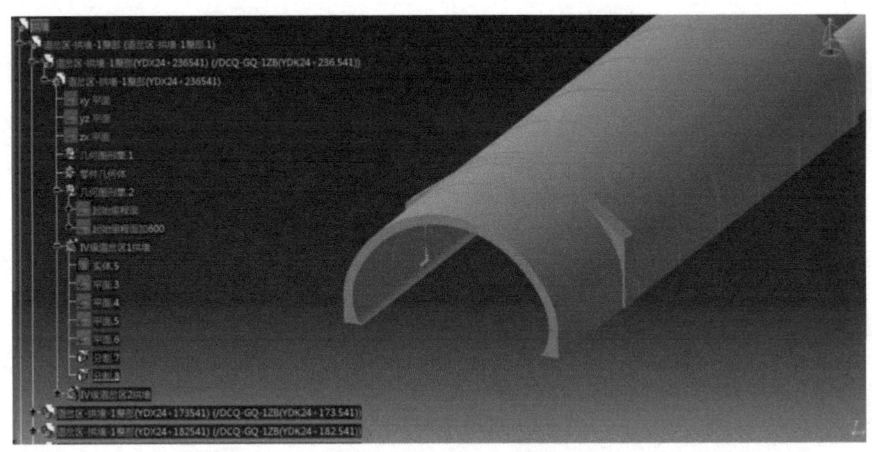

（b）切割后道岔区拱墙

图 3.4-24　拱墙模型效果图

6. 工程图

基于 BIM 导出的二维施工图纸，具有以下几个方面的特点：一是一处修改，处处更新，自动生成平、立、剖面图纸及明细表；二是自动实时输出工程量、工程技术经济指标统计表，同时各明细表可通过 Excel 、Access 数据库直接导出；三是自动创建详图视图，并根据需要创建详图索引。

尽管 BIM 在二维图纸出图方面较便捷，但与国内二维制图标准相比存在一定的差异，还不能完全满足企业现行二维制图标准的要求。现阶段，一些典型的问题表现如下：

（1）线型、字形等在部分功能中与二维制图标准不一致；

（2）轴网、标高等中间段部分无法隐藏或无法根据图面任意裁剪；

（3）在多文件关联出图时，剖面图构件之间的显示处理不满足二维出图要求，例如梁、墙和楼板的融合等；

（4）一些标记、文字、注释等不满足二维出图要求，例如详图索引标头、箭头样式、文字引线、表格样式等；

（5）在大比例出图时线条间距太密，无法满足出图美观要求；

（6）BIM 生成的视图无法满足结构出图的要求；

（7）软件自带的三维构件族，其自动生成的平、立、剖面视图同二维制图标准的简化图例不匹配；

（8）对于同样的 BIM 构件，不同设计院之间的平、立、剖二维出图图例不尽相同；

（9）图框、标题栏等均需定制开发；

（10）表格功能不够完善，有些需要用线逐一绘制，文字需要用单行文本逐一输入；

（11）构件统计表样式达不到二维制图标注要求。

工程图以上问题均可以通过插件进行修正，可以根据需要进行进一步的研发。

第 4 章

基于数字孪生及 BIM 技术的施工模拟

◎第 4 章◎　基于数字孪生及 BIM 技术的施工模拟

4.1 引言

随着国民经济的发展及基础设施建设的推广，近年来，涌现出大量个性化建筑，且其规模愈来愈大，项目施工的手段和方法也随之发生变化，过去采用的以经验为主的施工方法在该类工程中不太适用；建筑结构形式越来越新颖，新的结构形式和特点给项目安全快速施工带来了新的挑战。建筑施工的安全事故时有发生，其中，隧道及地下工程施工中的事故率尤为突出，而传统的施工手段和方法存在不足，尚不能有效解决这些问题。随着计算机技术的发展，虚拟仿真技术日臻成熟，并已广泛应用于建筑施工领域。将虚拟仿真技术应用于隧道及地下工程施工领域已成为一种趋势。

传统的项目施工主要依靠相关人员多年积累的实践经验或习惯，基于 BIM 技术，借助虚拟现实、建模与优化、计算机仿真等技术手段，在高性能计算机等硬件设备的支持下协同工作，对项目施工过程中的人、财、物和信息传递进行全面的仿真模拟，让项目各参与方能够直观、快速地对项目施工进行管理、优化及风险控制，并能集中发现施工方案中的瑕疵，修改、优化施工方案，以便更好地指导施工，有效地提高施工水平、消除隐患，从整体上提高项目施工效率。

从建筑行业发展需求来看，将虚拟施工技术应用于隧道及地下工程领域是一种必然趋势。本章以车站及区间隧道施工为研究背景，通过对虚拟施工技术的应用研究，在不消耗现实资源和能量的前提下，利用虚拟仿真技术，对车站及区间隧道不同的施工方案进行仿真模拟，并从定性和定量（材料消耗、工期）角度对不同方案进行对比，得出最佳的施工方案。

此外，基于 BIM 技术的施工仿真模拟技术，可结合施工方案模拟的结果，优化施工方案和施工组织，从而提高施工效率，降低施工风险，为项目管理人员的施工管理工作提供科学、合理的参考。

4.2 虚拟施工技术理论概述

4.2.1 虚拟施工技术的概念

随着科技的不断进步，建筑行业正面临着前所未有的变革。其中，虚拟施工技术作为近年来兴起的一种新型技术，为建筑行业的可持续发展提供了强有力的支持。虚拟施工技术是指利用计算机仿真技术、虚拟现实技术、三维建模技术等现代技术手段，在建筑施工前对建筑项目进行模拟、优化和预测的一种技术方法。通过虚拟施工技术，可以在计算机中构建一个与实际建筑项目高度相似的虚拟环境，从而实现对建筑施工过程的全面预演和监控。

计算机仿真技术是虚拟施工技术的核心之一。通过仿真技术，可以对建筑施工过程中的各种因素进行模拟和分析，例如材料性能、施工工艺等。应用这种技术不仅可以在施工前发现潜在的问题和风险，还可以为优化施工方案提供依据。

虚拟现实技术为虚拟施工技术提供了更加直观和生动的展示方式。通过虚拟现实技术，可以将虚拟环境中的建筑施工过程以三维立体的形式呈现出来，相关人员可以更加直观地了解施工过程和效果。同时，虚拟现实技术还可以为建筑施工提供沉浸式的体验，从而提高施工人员的技能水平和安全意识。

三维建模技术是虚拟施工技术的又一重要组成部分。通过三维建模技术，可以对建筑项目的各个部分进行精细化建模，从而构建出一个完整的虚拟建筑模型。这种模型不仅可以在施工前进行详细的规划和设计，还可以为施工过程中的监控和管理提供有力的支持。

虚拟施工技术的主导思想是“先试后建”。基于一个虚拟平台，在项目开工之前，对项目的设计方案进行检验，对施工方案进行模拟、分析和优化，从中发现问题，以便解决问题，直至获得最佳的设计和施工方案。虚拟施工的最终目的是指导实际施工、减少施工成本、降低施工风险，在保证施工安全的前提下缩短施工周期，保障施工决策的有效性提供，增强对项目施工管理的控制。

4.2.2 虚拟施工技术的内涵

虚拟施工技术的应用价值主要体现在以下几个方面：

（1）通过虚拟施工技术，可以在施工前对施工方案进行全面的预演和优化，从而减少施工过程中的错误和返工现象。这不仅可以缩短施工周期，还可以降低施工成本，提高施工效率。

（2）虚拟施工技术可以帮助相关人员在施工前对潜在的安全风险进行识别和评估，从而采取有效的预防措施。这种技术方法可以降低安全事故的发生概率，保障建筑施工的安全性和稳定性。

（3）通过虚拟施工技术，可以在施工前对建筑设计的各个方面进行详细的模拟和分析，从而为优化建筑设计提供依据。这种技术方法可以提高建筑设计的质量和水平，为建筑行业的可持续发展作出积极的贡献。

在建筑领域，虚拟施工技术主要应用于以下三个方面：

随着科技的不断进步，仿真系统已经成为工程项目中不可或缺的一部分。从设计、施工到管理阶段，仿真系统都在其中发挥了重要的作用。

（1）设计阶段

在设计阶段，仿真系统主要用于建筑模型的构建和优化。设计师可以通过仿真软件对建筑的结构、外观、功能等方面进行模拟，以便提前发现和解决潜在的问题。此外，仿真系统还可以帮助设计师进行多方案比较，选择最优的设计方案。

具体而言，设计师可以利用仿真系统对建筑的结构性能进行模拟分析，如承载能力、变形情况、振动特性等。通过模拟分析，设计师可以了解建筑在不同工况下的表现，从而优化设计方案。同时，仿真系统还可以对建筑的外观和功能进行模拟，帮助设计师设计出更符合用户需求和使用习惯的建筑。

（2）施工阶段

在施工阶段，仿真系统主要用于施工过程的模拟和优化。通过仿真软件，施工单位可以模拟施工过程中的各个环节，包括施工进度、资源配置、质量控制等。这有助于施工单位提前预测和避免可能出现的问题，确保施工过程的顺利进行。

具体而言，仿真系统可以对施工过程中的材料、设备、人力等资源进行合理配置，以降低施工成本和提高施工效率。同时，仿真系统还可以对施工进度进行模拟，帮助施工单位合理安排施工计划，确保工程按时完成。此外，仿真系统还可以对施工质量进行模拟分析，提前发现和解决潜在的质量问题。

（3）管理阶段

在管理阶段，仿真系统主要用于建筑运行和维护过程中的模拟和优化。通过仿真软件，管理人员可以模拟建筑在不同环境和使用场景下的运行情况，以便提前预测和应对可能出现的问题。同时，仿真系统还可以帮助管理人员制订合理的维护计划，确保建筑施工的安全、稳定和高效运行。

具体而言，仿真系统可以对建筑的使用情况进行模拟分析，如人流、物流、能耗等。通过模拟分析，管理人员可以了解建筑在不同使用场景下的表现，从而制订更合理的维护计划。同时，仿真系统还可以对建筑的设备和系统进行模拟分析，提前发现和解决潜在的故障和安全隐患。

虚拟施工技术作为一种新型的技术手段，为建筑行业的可持续发展提供了强有力的支持。通过深入研究和应用虚拟施工技术，不仅可以提高建筑施工的效率和质量，还可以降低安全风险和成本消耗。从建筑生命周期的视角看，仿真系统在工程项目的设计、施工和管理阶段都发挥了重要的作用。通过利用仿真系统，可以提高工程项目的设计质量、施工效率和管理水平，从而为用户创造更优质、更舒适、更安全的建筑环境。未来，随着科技的不断进步和应用领域的不断拓展，仿真系统将在建筑领域发挥更加重要的作用。

4.2.3 虚拟施工技术的特点

从前面的论述可以看出，虚拟施工是对实际施工过程中的各项环节进行建模，并进行仿真分析的可视化过程。虚拟技术不需要用户进入施工过程，而是通过三维动画展示施工过程、分析施工过程，并且得到模拟结果，以便用户修改和完善设计施工方案。与实际施工过程相比，虚拟施工基本上不消耗资源和能量，也不会产生实际建（构）筑物，但却是设计施工过程的本质体现。

虚拟施工技术具有如下特点。

1. 可视化程度高

虚拟施工技术可以将建筑施工过程以三维模型的形式展现出来，实现高度可视化。施工人员和管理人员可以在虚拟环境中直观了解施工过程的各个环节，及时发现潜在问题，提高施工效率和质量。

2. 仿真度高

虚拟施工技术可以模拟各种复杂的施工环境和施工条件，包括天气、地形、机械设备等。通过高精度仿真，可以预测施工过程中的各种风险和问题，为施工方案的制定和优化提供支持。

3. 交互性强

虚拟施工技术可以实现人机交互，用户可以在虚拟环境中自由切换视角、调整参数，实现对施工过程的精细控制。这种交互性不仅可以提高用户的参与度和沉浸感，还可以帮助用户更好地理解施工过程和施工方案。

4. 灵活性好

虚拟施工技术可以灵活应对各种施工场景和需求。通过调整模型参数和仿真条件，可以模拟不同类型的建筑、不同规模的施工项目，满足不同用户的需求。此外，虚拟施工技术还可以与其他信息技术结合，实现数据共享和协同。

5. 成本低廉

虚拟施工技术可以在虚拟环境中模拟施工过程，避免了实际施工中可能出现的资源浪费和成本超支等问题。此外，虚拟施工技术还可以降低培训和学习的成本，提高施工人员的技能水平和工作效率。

4.2.4 虚拟施工的核心技术

虚拟施工技术是对多种技术的综合运用，其中，建模技术、仿真技术和优化技术是关键。

1. 建模技术

虚拟施工的建模强调在计算机上实现，这就要求将虚拟施工过程的各阶段和各方面进行有效集成。在虚拟环境中如何建模以实现虚拟建造是虚拟施工技术需解决的核心问题。建模过程有赖于建模软件，几何建模的过程力求反映结构的本质，对设计及施工影响甚微的因素可以不予考虑。

2. 仿真技术

仿真技术是通过建立虚拟系统模型的实验去研究一个真实系统。这个系统可以是客观世界中已存在的或将要设计的系统。要想实现仿真，首先必须建模，但是现实系统往往是复杂的并且掺有许多无用累赘的信息，建模要尽可能抓住事物的本质，对于无关紧要的信息可以省去，这样既能反映实际模型，减小建模工作量，又能满足仿真要求。合理的建模是仿真可否实现、虚拟系统是否科学的基础。

仿真技术综合集成了计算机、图形、多媒体、软件工程、信息处理等多种高新技术知识，它以相似原理、信息技术、系统技术及其与应用领域有关的专业技术为基础，以计算机和各种物理效应设备为工具，利用系统建模对实际的或设想的系统进行试验、研究的一门综合技术。

仿真技术在建筑工程中的应用主要表现在施工过程、基础工程与结构工程方面。施工过程的仿真属于离散事件建模分析。在基础工程中，仿真系统主要应用于土方施工、基坑支护结构施工等。在结构工程施工中，仿真系统主要包括施工阶段计算仿真、施工方案优化仿真、项目管理仿真等系统。

3. 优化技术

虚拟施工技术的最大特点是通过虚拟设计，可以实现设计方案、施工方案的优化。优化技术就是在虚拟环境中，用户可以通过设定优化目标和优化方法对设计、施工方案进行定量分析，为用户决策提供科学的依据，使用的理论方法有线性规划、非线性规划、网络技术、运筹学、决策论和对策论等。应用优化原理进行项目的规划、设计、施工、管理，能全面、综合地考虑工程在技术、经济和时间上的最优状态。仿真技术的最终目的是优化设计施工方案、节约项目成本。

4.3 BIM 技术在虚拟施工中的引入

随着时代的进步和科技的发展，我国建筑施工行业正面临着前所未有的机遇与挑战。在这一背景下，建筑施工企业的信息化建设成为趋势，其重要性日益凸显。

首先，从外部环境来看，我国政府高度重视建筑业的信息化发展。近年来，国家相继出台并颁布实施了一系列关于建筑信息化、建筑施工企业及相关建筑实施意见等文件。这些文件为建筑施工企业积极开展信息化建设提供了良好的环境基础和有力支持。政策的引导和扶持，使得建筑施工企业在信息化建设的道路上更加坚定和自信。

其次，从企业内部管理要求来看，信息化建设是企业自身增强市场竞争力的有效途径。随着市场竞争的日益激烈，建筑施工企业需要通过信息化建设来提高管理效率、优化资源配置、降低成本、提升质量，从而在激烈的市场竞争中脱颖而出。信息化建设不仅有助于企业实现内部管理的高效化和精细化，还能够提升企业的品牌形象和市场竞争力。

建筑业的信息化必须基于建筑施工企业的信息化，建筑施工企业的竞争力也来源于建筑施工企业的信息化。在信息化建设过程中，BIM 技术的兴起为建筑施工企业的信息化建设注入了新的活力。BIM 的出现意味着工程建设领域从二维设计到三维可视化的历史性飞跃。

BIM 技术的核心在于信息的整合与共享，它将建筑物生命周期内的所有信息都集成在一起，包括设计、施工、运营等各个环节的数据，使得各方能够在同一平台上进行高效协同工作。这种信息整合平台不仅提高了工作效率，还有助于减少信息丢失和沟通成本，从而实现资源的优化配置和管理的精细化。

尽管虚拟施工技术在国外已有较多成熟的研究和试验，但在国内仍处于初试阶段，需要从理论和实践两方面加强推广和应用。随着技术的不断发展和研究的深入，我国将从根本上改变现有传统的建筑施工模式，逐步建立起虚拟施工理论和技术体系，开创一个崭新的数字化施工新时代。

4.4 基于 BIM 的车站及区间隧道开挖、支护施工方案模拟

4.4.1 虚拟仿真平台——Delmia 软件介绍

Delmia 公司成立于 2000 年 6 月，由 Dassault Systemes 整合 Deneb、Delta 和 Safework 三家软件公司而成。该公司开发的 Delmia 软件与 CATIA

互补，为制造业提供从产品设计到生产过程的完整解决方案，拓展了 CAD/CAE 应用领域。

Delmia 的功能模块涵盖制造行业的大部分需求，包括 DPE（面向制造过程设计）、QUEST（物流过程分析）、DPM（装配过程分析）、HBC（人机分析）、Robotics（机器人仿真）、VNC（虚拟数控加工仿真）和 PPR Navigator（系统数据集成）等。

Delmia 软件在虚拟样机设计、虚拟制造交互式仿真、虚拟工厂、离线编程和三维自动化设备应用仿真等领域领先，其数字化制造解决方案基于开放式结构的产品、资源与工艺组合模型（PPR），支持设计变更，可随时随地掌握生产信息。PPR 集成中枢提取制造专业知识，实现产业经验复用。

4.4.2 车站及区间隧道开挖、支护施工模拟实现过程

1. 施工方案设计

将虚拟施工技术引入项目施工实践中，首要步骤是利用 BIM 软件构建三维数字化信息模型。在本次实践中，选用了达索公司的 CATIA 软件，后续可从模型中自动生成二维图形信息以及丰富的非图形化工程项目数据信息。借助 CATIA 软件卓越的参数化设计能力，协调整个项目的施工信息，提升各参与方之间的沟通效率，并实时获取项目工程量信息的反馈。这极大地减少了因协调文档和数据信息不一致而导致的资源浪费。

利用 CATIA 工具创建的 BIM 还能够便捷地转换为具备真实属性的建筑构件，将视觉形体研究与实际建筑构件紧密相连，从而成功实施了 BIM 中的虚拟施工技术。以下详细阐述车站及区间隧道施工模拟的具体操作流程。

（1）模型轻量化处理

施工仿真所需的三维模型采用 CATIA 软件建立的隧道地质、初支、二衬、机械设备等模型，但考虑整个车站及区间隧道施工工序复杂，导致模型数量多、数据量大，为保证施工模拟能流畅运行，需要对某些模型进行轻量化处理。

对模型进行轻量化处理的方法为：将 CATIA 生成的“.part”文件另存为“.cgr”文件。“.cgr”格式是可视化文件的一种格式，只显示模型外形以及模型之间的装配信息，大大减少了模型的数据量，如图 4.4-1 所示。

名称	修改日期	类型	大小
DCQ-FP-1ZB(DCQ24+173541).CATPart	2015/11/20 15:20	CATIA 零件	86 KB
DCQ-FP-1ZB(DCQ24+173541).cgr	2015/11/20 15:20	CGR 文件	8 KB
DCQ-FP-1ZB(DCQ24+180741).CATPart	2015/11/20 15:20	CATIA 零件	92 KB
DCQ-FP-1ZB(DCQ24+180741).cgr	2015/11/20 15:20	CGR 文件	8 KB
DCQ-FP-1ZB(DCQ24+187941).CATPart	2015/11/20 15:20	CATIA 零件	92 KB
DCQ-FP-1ZB(DCQ24+187941).cgr	2015/11/20 15:20	CGR 文件	8 KB
DCQ-FP-1ZB(DCQ24+195141).CATPart	2015/11/20 15:20	CATIA 零件	92 KB
DCQ-FP-1ZB(DCQ24+195141).cgr	2015/11/20 15:20	CGR 文件	8 KB
DCQ-FP-1ZB(DCQ24+202341).CATPart	2015/11/20 15:20	CATIA 零件	92 KB
DCQ-FP-1ZB(DCQ24+202341).cgr	2015/11/20 15:20	CGR 文件	8 KB
DCQ-FP-1ZB(DCQ24+209541).CATPart	2015/11/20 15:20	CATIA 零件	92 KB
DCQ-FP-1ZB(DCQ24+209541).cgr	2015/11/20 15:20	CGR 文件	8 KB

图 4.4-1 同一模型轻量化前后数据量对比

（2）仿真模型的显示效果处理

为了使施工方案模拟效果更加形象、逼真，结合各模型的实际状态及颜色分布情况，在 Delmia 软件中对工程地质、材料、机械等模型进行表面图形和渲染效果处理。

（3）施工机械的机构化处理

为了达到仿真效果，利用 Delmia 软件中的 Device Building 模块，按实际情况对施工机械进行机构化处理。挖掘机的挖掘臂和铲斗之间的机构装置如图 4.4-2 所示，车站及区间隧道的虚拟施工实施方案流程如图 4.4-3 所示。

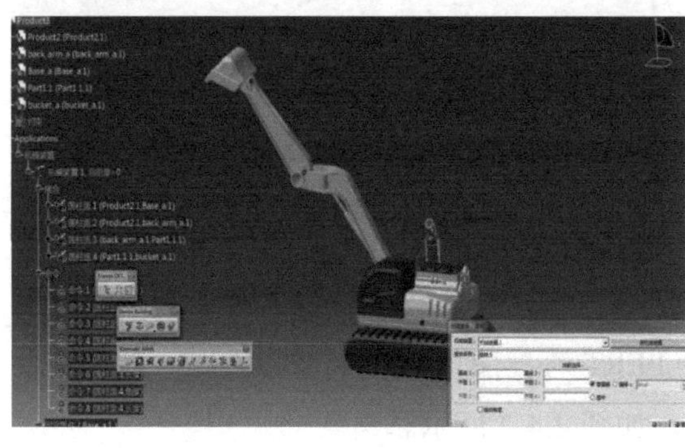

图 4.4-2 挖掘机机械装置

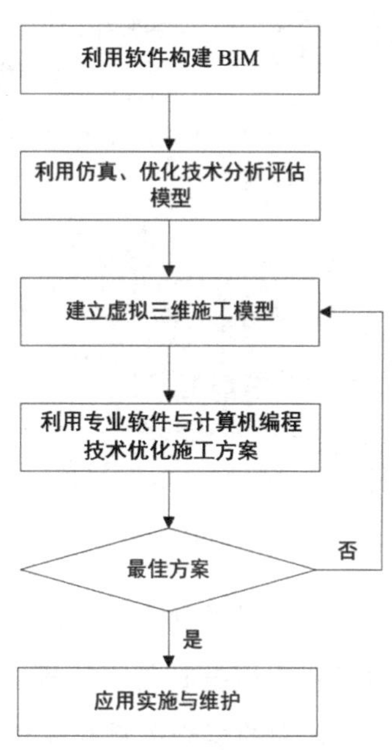

图 4.4-3 虚拟施工实施方案流程

2. 施工过程模拟实现

通过上节分析可知，如想实现项目施工中的虚拟施工模拟，需要通过专业的三维设计软件，并结合部分二次开发技术，才能实现全面、准确、具有较强人机交互能力的建筑施工过程模拟。采用 CATIA 与 Delmia 相结合的方式来实现虚拟施工技术应用实践。

（1）流程设计

① 当施工仿真所需模型建立之后，将各种模型分别加载到 PPR（Product，Process，Resource）树，各个节点如下：

A. Product List 的构建：将所有需要模拟的地质、初支、二衬材料导入 Product List 中，如初支及二衬所需的锚杆、钢拱架、钢筋网片等，如图 4.4-4 所示。

B. Resource List 的构建：Delmia 中的资源是指参与仿真过程的所有非产品的实物元素，如施工人员、机械设备等，如图 4.4-5 所示。

C. Process List 的构建：施工工序流程可根据不同施工断面对应的不同工序进行命名，如图 4.4-6 所示。

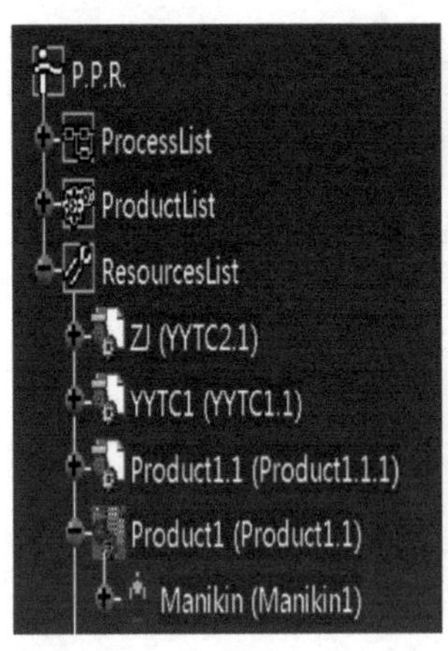

图 4.4-4 Product List 界面

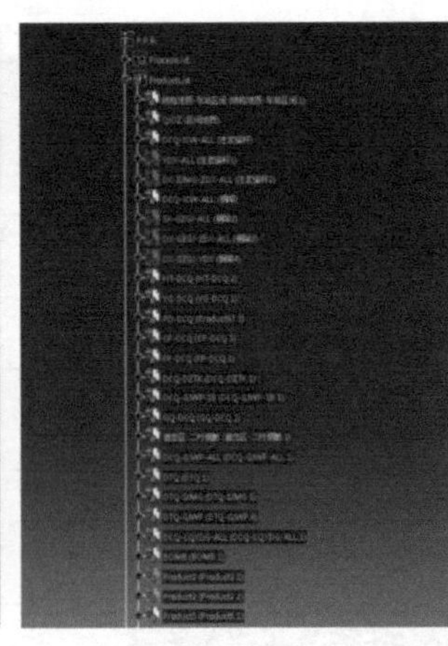

图 4.4-5 Resource List 界面

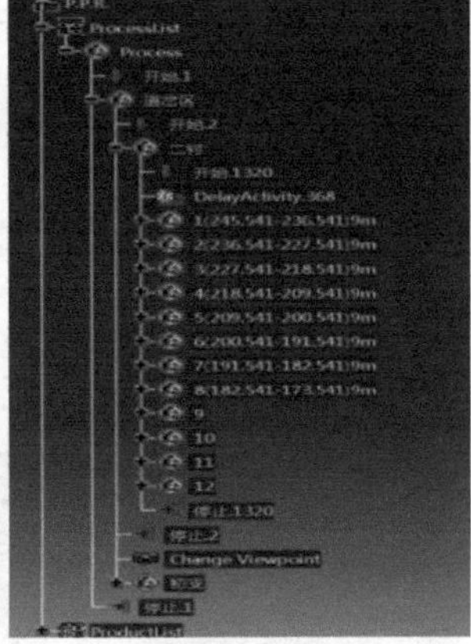

图 4.4-6 Process List 界面

② 将模型加载到 PPR 树下之后，在 Process 树下，根据施工方案中对应的工艺流程编制仿真流程。打开 PERT 流程图可以显示工艺流程，也可以设定工艺间的层级关系和先后顺序，如图 4.4-7 所示。

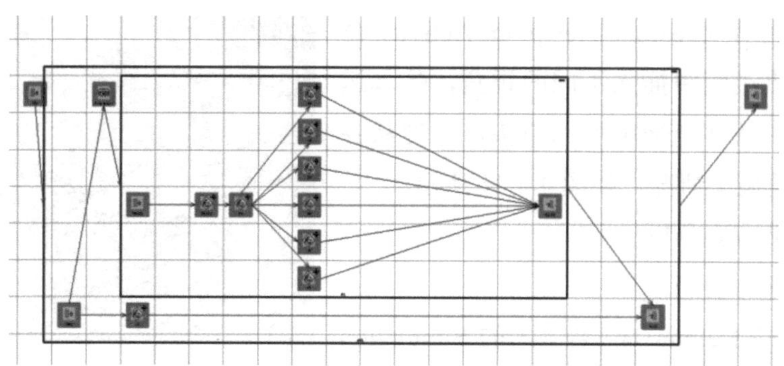

图 4.4-7　工序流程图

使用 Assign a product/resource 命令对施工工序指派对应的 Product 和 Resource，如图 4.4-8 所示。

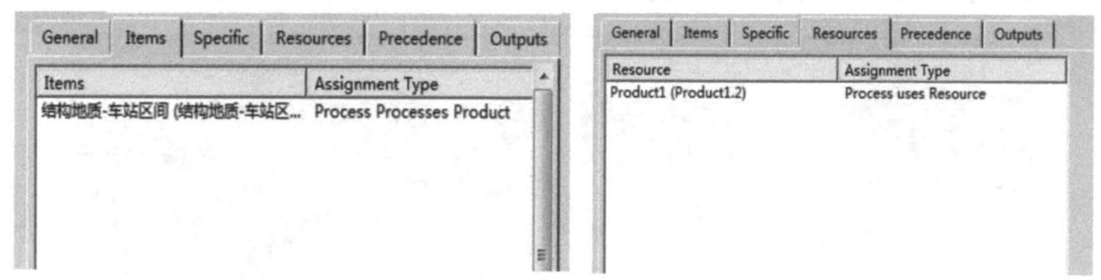

（a）Product　　（b）Resource

图 4.4-8　在属性中查看指派的 Product 和 Resource

③ 在各工艺中插入该工艺对应的动作，用罗盘辅助模型定位完成运动轨迹，并设定每个运动的时间，通过记录器记录下来，如图 4.4-9 所示。

④ 使用 Device Move 命令在工艺中插入施工机械机构装置的运动情况，如图 4.4-10 所示。

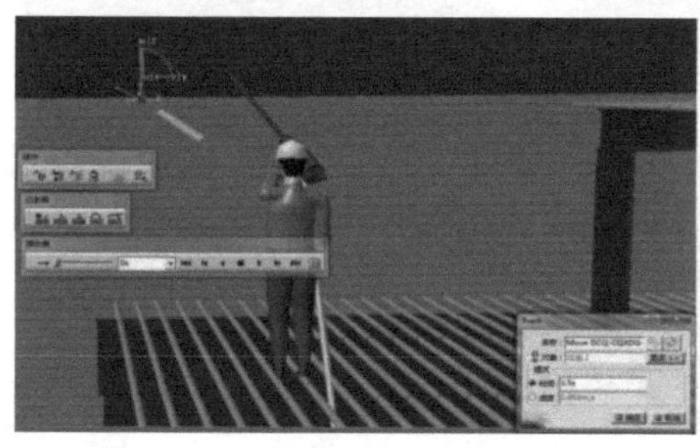

图 4.4-9　超前小导管插入的动作

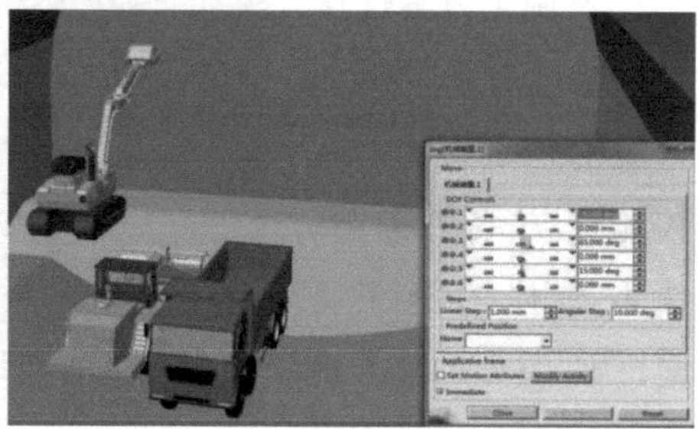

图 4.4-10　挖掘机机械装置仿真

⑤ 使用 Create a Viewpoint Activity 命令在仿真过程中插入不同的视角，仿真运行过程中软件会平滑移动镜头，方便从各角度了解施工情况，如图 4.4-11 所示。

图 4.4-11　工序中的 Change Viewpoint

（2）方案分析

① 干涉分析

借助 Delmia 软件中的 Simulation Analysis Tools 工具，对施工工序中施工人员与施工机械之间、施工机械与施工场地之间进行干涉检查。当系统发现存在干涉情况时将报警，同时显示出干涉区域和干涉量，以方便设计人员查找和分析发生干涉的原因，调整施工现场的布置，如图 4.4-12 所示。

（a）施工场地内施工机械间产生干涉

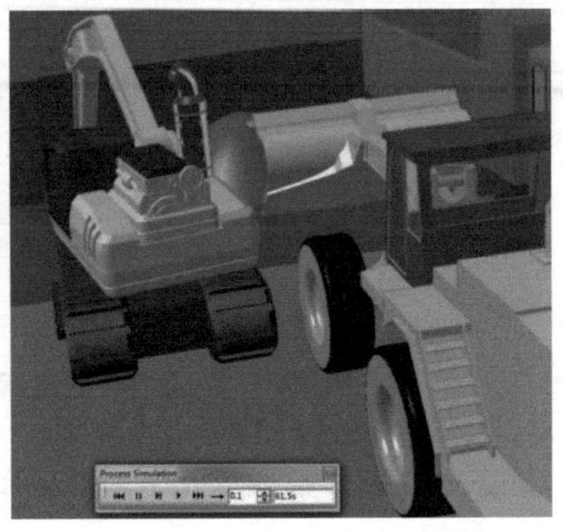

（b）调整后的施工机械布置，消除干涉

图 4.4-12　干涉分析

② 施工方案优化

通过对不同施工方案的仿真模拟，比较施工方案的差异，选取最佳的施工方案，如图 4.4-13、图 4.4-14 所示。

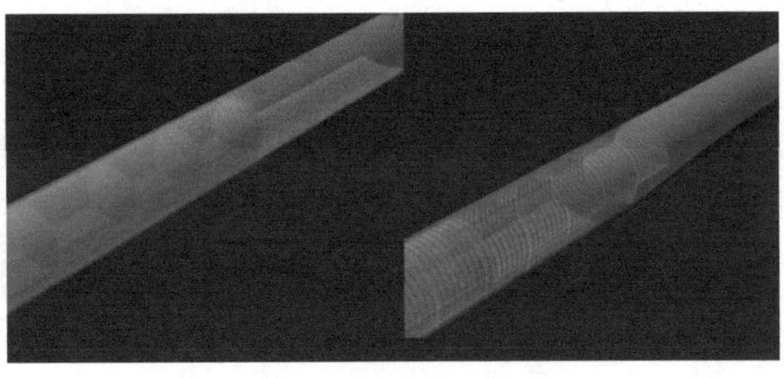

图 4.4-13　全断面法与台阶法对比

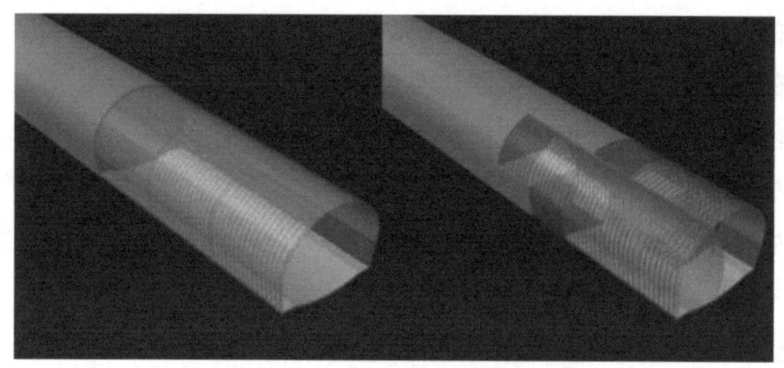

图 4.4-14 全断面法与 CD 法对比

4.4.3 大石坝站双侧壁导坑法施工方案模拟

三维可视化是 BIM 最直观的特点，利用此特点在施工前期可以对设计方案进行预演并优化，从而减少在施工过程中由于设计错误而造成的返工和损失。按照施工方案及施工组织计划，结合 BIM 可视化特点，形象展示区间隧道的开挖支护情况，合理安排施工顺序，同时，可以通过动态施工模拟，直观展示不同施工方案的优缺点，对其进行对比分析，从而达到优化的目的。

1. 车站施工工序及流程确定

大石坝站主体开挖支护采用双侧壁导坑法，分 9 部开挖，施工工序如图 4.4-15 所示，双侧壁导坑法施工工艺流程如图 4.4-16 所示。

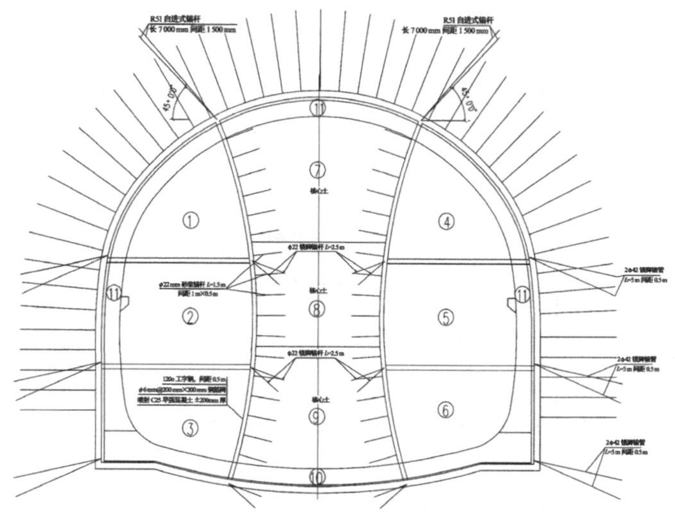

图 4.4-15 施工工序横断面示意图

① 右侧导洞 1 的开挖，该部初期支护；
② 右侧导洞 2 的开挖，该部初期支护；
③ 右侧导洞 3 的开挖，该部初期支护；
④ 左侧导洞 4 的开挖，该部初期支护；
⑤ 左侧导洞 5 的开挖，该部初期支护；
⑥ 左侧导洞 6 的开挖，该部初期支护；
⑦ 核心土上部开挖，该部初期支护；
⑧ 核心土中部开挖；
⑨ 核心土下部开挖；
⑩ 敷设仰拱防水层，仰拱钢筋混凝土浇筑；
⑪ 敷设顶拱、侧墙防水层，施工侧墙及拱顶二次衬砌。

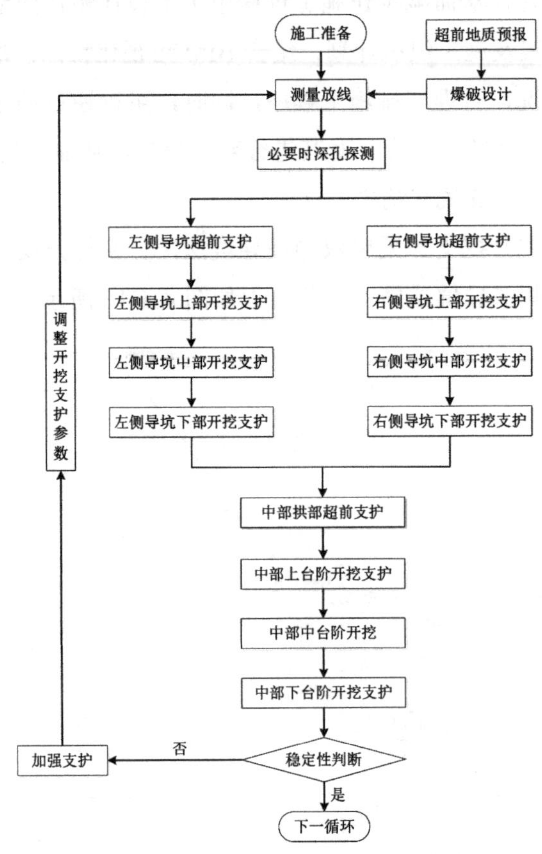

图 4.4-16　双侧壁导坑法施工工艺流程图

2. 车站开挖主要工序进度指标

（1）开挖及初期支护

车站属大跨隧道，采用双侧壁导坑法施工。双侧壁导坑施工时，先施工侧壁导坑 1 部，1 部全部施工完成后，再施工下部，下部按短台阶法组织施工。

① 侧壁导坑 1 部开挖支护

侧壁导坑 1 部开挖采用爆破开挖，每循环进尺控制在 1 m（2 榀拱架），循环作业时间如表 4.4-1 所示。

表 4.4-1　侧壁导坑 1 部开挖支护循环作业时间表

序号	项目	时间 / h	备注
1	测量放线	0.5	
2	钻眼	2.5	
3	静态破碎剂配浆、填孔及反应	2	
4	初喷	2	
5	出碴	2	
6	初期支护	6	
7	合计	15	

侧壁导坑 1 部开挖、支护月进度指标为 720÷15×1=48 m，考虑不可避免损耗时间，月进度指标取 45 m。

② 侧壁导坑 2 、3 部开挖支护

侧壁导坑 2 、3 部采用短台阶法及平行作业的方法同时组织施工，开挖每循环进尺为 1 m（2 榀拱架），循环作业时间如表 4.4-2 所示。

表 4.4-2　侧壁导坑 2、3 部开挖支护循环作业时间表

序号	项目	时间 /h	备注
1	测量放线	0.5	
2	钻眼	2	
3	装药爆破	1	
4	通风排烟、初喷	1	
5	出碴	2	
6	初期支护	4	
7	合计	10.5	

计划每天进尺为 2 个循环 2 m，加上每月其他不可预见因素耽误 3 天时间，则月进度指标为 2×27=54 m。

③ 核心土开挖及支护

大跨度核心土开挖只能提前二次衬砌 30 m 以内，以确保施工安全。核心土开挖根据二衬施工进度组织施工，不设具体进度指标。

（2）二次衬砌

车站大跨度断面隧道采用 9 m 长全断面液压台车衬砌，每循环长度为 8.9 m，每循环作业时间如表 4.4-3 所示。

表 4.4-3　车站大跨度断面隧道衬砌施工循环作业时间表

序号	项目	时间 /h	备注
1	防水层及钢筋		提前施工
2	测量、台车就位	12	
3	封堵头模	21	
4	混凝土灌注	36	
5	养护	36	
6	拆模、清理	5	
7	合计	110	

每月考虑交叉口处理和不可预见因素耽误 6 天，车站衬砌作业月进度指标为（24×24）÷110≈5.2，约 5 个循环，则每月计划进度取 44.5 m。

3. 基于 BIM 技术的车站施工方案模拟

在大石坝车站三维信息模型的基础上，基于 Delmia 仿真软件，将静态的三维车站模型按照上述施工组织计划加入时间维度变成四维动态模型，利用该四维车站模型对各个施工工序进行拆分、展示。

车站双侧壁导坑法施工中，开挖初支及二衬施工过程模拟如图 4.4-17 所示。

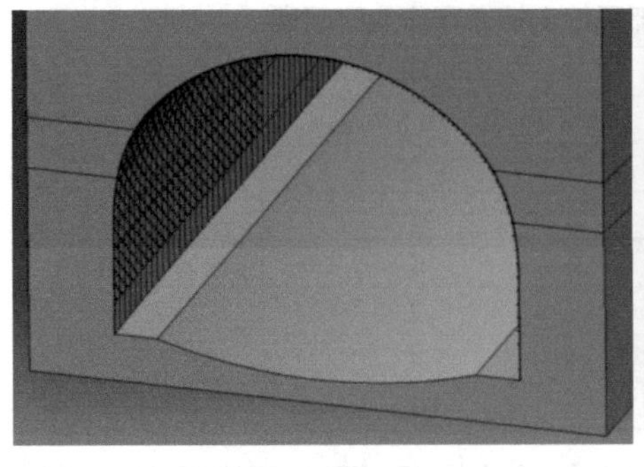

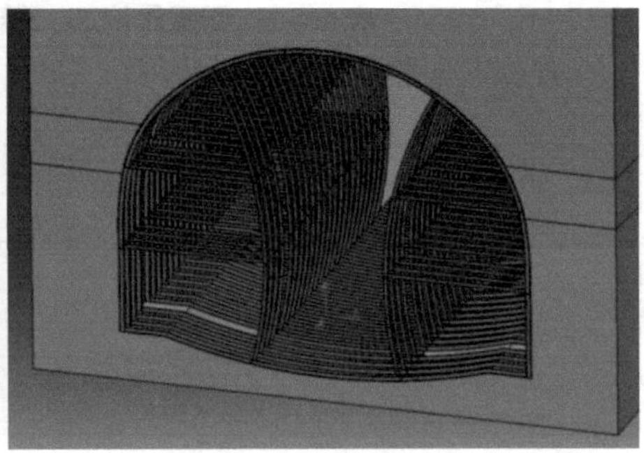

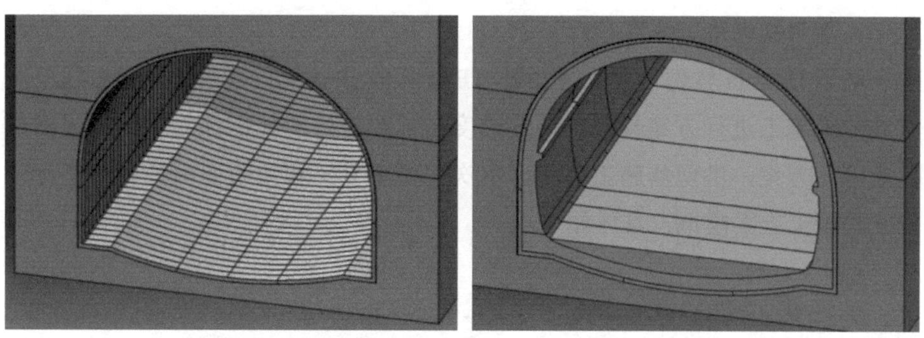

图 4.4-17　车站双侧壁导坑法初支及二衬施工模拟效果图

4.4.4 区间左右线隧道施工方案模拟

基于Delmia软件，对各个施工工序进行拆分、展示。例如：对钻孔爆破、装载出渣、围岩支护等工序在时间以及空间上的关系进行模拟。图 4.4-18 为单洞双线段初支、二衬施工工艺拆分图。通过各个施工过程的拆分、动态展示，真正将施工方案及施工组织计划在计算机上进行演示，由此发现施工中时间及空间存在的冲突，不断优化区间隧道初支、二衬中的施工工序。

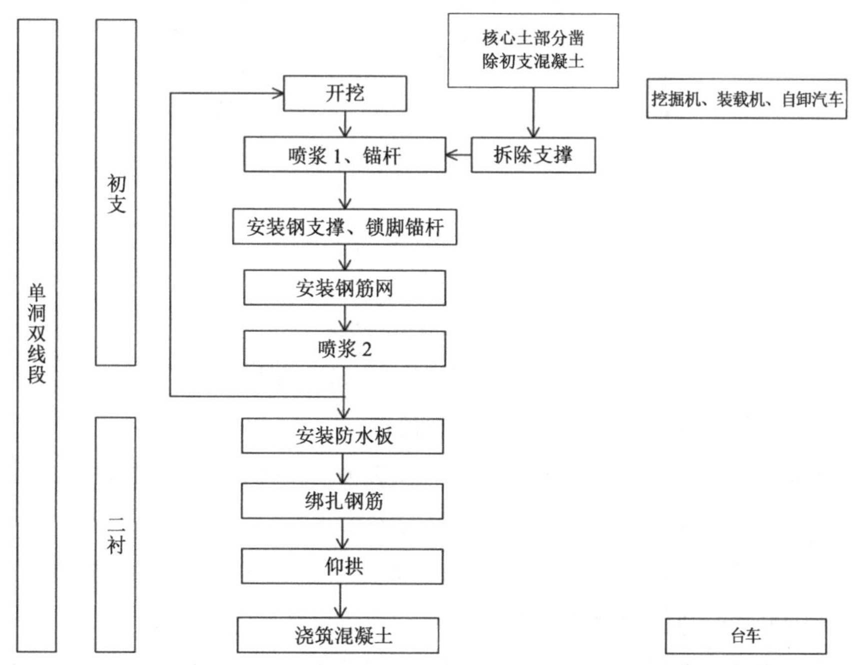

图 4.4-18　单洞双线段初支、二衬施工工艺拆分图

1. 单洞双线施工方案对比

基于 Delmia 软件，对大龙山站 TBM 接收井—大石坝车站区间右线单洞双线隧道施工进行方案模拟，通过进度指标和材料消耗指标的对比，提出最优的施工方案，供现场施工参考。本次主要对 CD 和全断面两种方法进行开挖支护施工方案模拟，具体如下。

（1）CD 法

① CD 法开挖工序及流程

区间右线单洞双线段采用 CD 法，施工时先挖右侧导洞，后挖左侧导洞，导洞按正台阶法施工。CD 法施工工艺流程如图 4.4-19 所示。

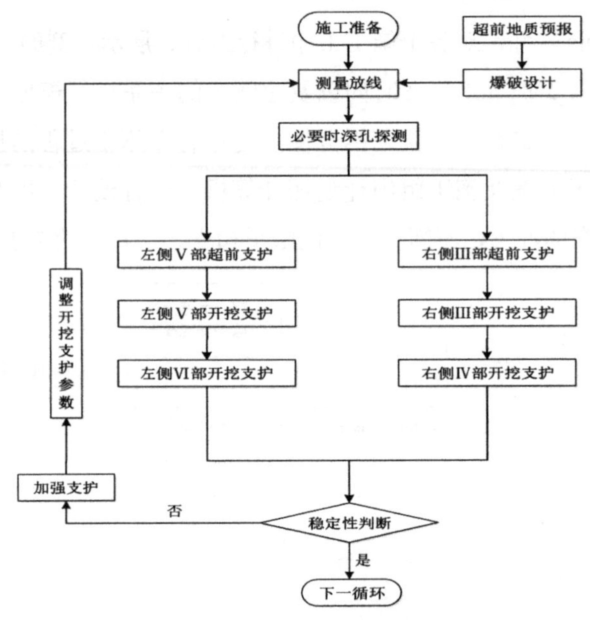

图 4.4-19　CD 法施工工艺流程图

② CD 法开挖工序进度指标及材料消耗

A. 超前小导管：钻孔直径 50 mm，安装 ϕ42 mm、长 5 m 的超前小导管，环向间距 400 mm 并注浆，每循环进尺为 3 m。

B. 爆破：测量放线，标注炮眼位置，掘进孔深 L=1.8 m，抵抗线 W=900 mm，间距 a=800 mm，底板眼间距 a=600 mm，深度 L=2 m。

C. 右侧导洞Ⅲ部开挖，每循环进尺为 1.2 m（2 榀拱架），采取掘进机扒渣、装载车装车、自卸汽车运输。

D. 初衬：（a）初喷 C25 混凝土；（b）钻孔、拱部安装组合 ϕ22 mm 中空锚杆，边墙 C22 砂浆锚杆（@100 cm×60 cm，L=3.5 m，梅花形布置）；（c）铺设 ϕ8 mm 钢筋网拱墙 @20 cm×20 cm；（d）自上而下分多次喷射共 240 mm 厚的 C25 钢纤维混凝土。

E. 开挖、支护进度指标为：计划每天进尺为 2 个循环 2.4 m，加上每月其他不可预见因素耽误 3 天时间，则月进度指标为 2.4×27=64.8 m。

F. 右侧导洞Ⅲ部开挖 4 ～ 6 m 后Ⅳ部开挖，Ⅳ部开挖 4 ～ 6 m 后Ⅴ部开挖，最后根据先行导洞施工进度组织Ⅵ部开挖，不设进度指标。

G. 防水层：基层作清洗处理，铺设防水层（采用土工布作缓冲层 +1.5 mm 厚的高分子复合自粘胶膜防水层）。

H. 绑扎二次衬砌钢筋，灌注仰拱混凝土，灌注仰拱回填。采用模板台车衬砌，浇灌仰拱和二次衬砌为 500 mm 厚的 C35 混凝土。

I. 二衬作业进度指标：二衬一个循环作业需要 120 个小时，每个月除去不可预见因素耽误 3 天及 2 天的台车维修保养时间，剩余 25 天即 600 个小时，则月进度指标为 600÷120×9=45 m。单洞双线段钢支撑采用 I16 工字钢，钢支撑间距 60 cm，纵向连接筋采用 ϕ22 mm 螺纹钢筋，环向间距 1 000 mm。锁脚锚杆采用 ϕ22 mm 砂浆锚杆，锚杆长 3.5 m。

（2）全断面法

① 全断面法开挖工序及流程

采用全断面法开挖时，按隧道设计开挖断面一次开挖到位的施工方法。主要工序：全断面一次钻孔、装药连线、起爆，一次爆破成形，出渣后再开始下一个循环作业，同时进行初期支护、铺设防水板、二次衬砌。全断面法施工工艺流程如图 4.4-20 所示。

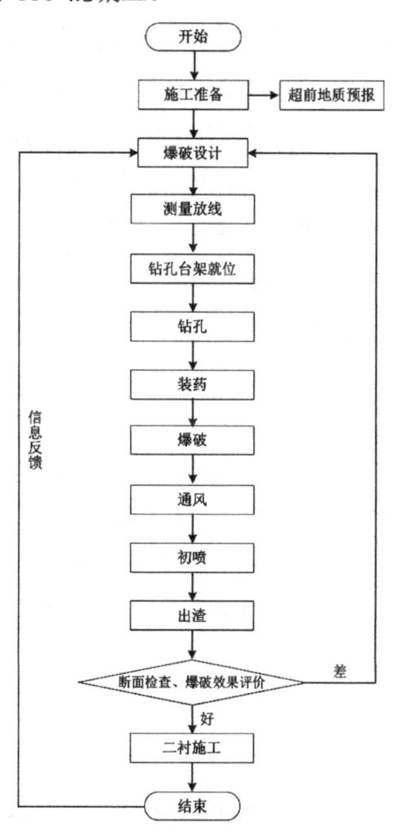

图 4.4-20　全断面法施工工艺流程图

② 全断面法开挖工序进度指标及材料消耗

A. 爆破：测量放线，标注炮眼位置，掘进炮眼深 L=2 m，抵抗线 W=900 mm，间距 a=850 mm，底板眼间距 a=600 mm，深度 L=2.2 m。

B. 开挖：每循环进尺控制为 1.5 m，采取掘进机扒渣、装载车装车、自卸汽车运输。

C. 初衬：（a）初喷 C25 早强混凝土；（b）钻孔、拱部安装组合 ϕ22 mm 中空锚杆，边墙 C22 砂浆锚杆（@100 cm×60 cm，L=3.5 m，梅花形布置）；（c）铺设 ϕ8 mm 钢筋网拱墙 @20 cm×20 cm；（d）自上而下分多次喷射共 240 mm 厚的 C25 混凝土。

D. 开挖、支护进度指标为：计划每天进尺为 2 个循环 3 m，加上每月其他不可预见因素耽误 3 天时间，则月进度指标为 3×27=81 m。

E. 防水层：基层处理清洗，铺设防水层（采用土工布作缓冲层 +1.5 mm 厚的高分子复合自粘胶膜防水层）。

F. 二次衬砌：开挖 30 m 后绑扎二次衬砌钢筋，灌注仰拱混凝土，灌注仰拱回填。采用模板台车衬砌，浇灌仰拱和二次衬砌为 500 mm 厚的 C35 混凝土。

G. 二衬作业进度指标：与 CD 法开挖相同，即月进度指标为 600÷120×9=45 m。

2. 单洞单线施工方案对比

基于 Delmia 软件，对大龙山站 TBM 接收井—大石坝车站区间隧道的左线和右线单洞单线段进行施工方案模拟，通过进度指标和材料消耗指标的对比，提出单洞单线段隧道施工的最佳方案，给现场施工提供参考。本次主要对台阶法和全断面法两种方法进行开挖支护施工方案模拟，具体如下。

（1）台阶法

① 台阶法开挖工序及流程

区间单洞单线段采用台阶法施工时，按上下台阶施工。台阶法施工工

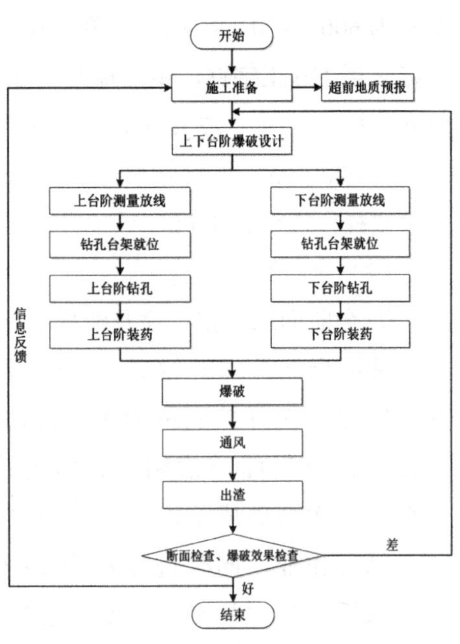

图 4.4-21　台阶法施工工艺流程

艺流程如图 4.4-21 所示。

② 台阶法开挖工序进度指标及材料消耗

A. 超前小导管钢管采用外径 42 mm、厚 4 mm 的热轧无缝钢管，L=5 m，环向间距 0.4 m。超前小导管纵向应有不小于 1 m 的搭接长度。注浆材料采用水泥浆，水灰比为 1 ∶ 1。

B. 单洞单线段钢支撑采用 I16 工字钢，钢支撑间距 60 cm，纵向连接筋采用 ϕ22 mm 螺纹钢筋，环向间距 1 000 mm。锁脚锚杆采用 ϕ22 mm 砂浆锚杆，锚杆长 3 m。

C. 爆破：测量放线，标注炮眼位置。(a) 掘进眼，炮眼深度 L=1.8 m；抵抗线，W=（15 ～ 25）d=630 ～ 1 050 mm，取 W=900 mm；间距 a=720 ～ 900 mm，取 a=800 mm。(b) 底板眼，孔间距 a=600 mm，炮眼深度 L=2 m。

D. 单洞单线段隧道采用台阶法施工，上台阶每循环进尺 1.2 m，每天 2 个循环，同时采用超前支护措施，开挖台阶不大于 5 m，采取掘进机扒渣、装载机装车、自卸汽车运输。

E. 初支：隧道初支铺设钢筋网片，网片规格 ϕ8 mm@200 mm×200 mm；拱部采用 ϕ22 mm 组合式中空注浆锚杆，长 2.5 m，环向间距 100 cm，纵向间距 60 cm，梅花形布置；喷射 C25 早强混凝土，喷射厚度为 23 cm。

F. 开挖、支护进度指标：计划每天进尺 2 个循环 2.4 m，加上每月其他不可预见因素耽误 3 天时间，则月进度指标为 2.4×27=64.8 m。

G. 防水层：暗挖结构初衬和二衬之间设置柔性全包防水层，防水层采用土工布（400 g/m^2）缓冲层＋厚度为 1.5 mm 的高分子复合自粘胶膜防水层。

H. 绑扎二次衬砌钢筋，灌注仰拱混凝土，灌注仰拱回填。采用模板台车衬砌，浇灌仰拱和二次衬砌为 400 mm 厚的 C35 混凝土。

I. 二衬作业进度指标：二衬一个循环作业需要 81 个小时，每个月除去不可预见因素耽误 3 天以及 2 天的台车维修保养时间，剩余 25 天即 600 个小时，则月进度指标为 600÷81×9≈66.7 m。

（2）全断面法

① 全断面法开挖工序及流程

当区间单洞单线段采用全断面法施工时，施工工艺流程同单洞双线段全断面法施工。

② 全断面法开挖工序进度指标及材料消耗

A. 超前小导管钢管采用外径为 42 mm、厚 4 mm 的热轧无缝钢管，L=5 m，环向间距 0.4 m。超前小导管纵向应有不小于 1 m 的搭接长度，注浆材料采用水泥浆，水灰比为 1 ∶ 1。

B. 单洞单线段钢支撑采用 I16 工字钢，钢支撑间距 60 cm，纵向连接筋采用 ϕ22 mm 螺纹钢筋，环向间距 1 000 mm。锁脚锚杆采用 ϕ22 mm 砂浆锚杆，锚杆长 3 m。

C. 爆破：测量放线，标注炮眼位置。(a) 掘进眼，炮眼深度 L=1.8 m；抵抗线，W=（15 ～ 25）d=630 ～ 1 050 mm，取 W=900 mm；间距，a=720 ～ 900 mm，取 a=800 mm。(b) 底板眼，孔间距 a=600 mm，炮眼深度 L=2 m。

D. 单洞单线段隧道采用全断面法施工，每循环进尺 1.5 m，每天 2 个循环，同时采用超前支护措施，采取掘进机扒渣、装载机装车、自卸汽车运输。

E. 初支：隧道初支铺设钢筋网片，网片规格 ϕ8 mm@200 mm×200mm；拱部采用 ϕ22 mm 组合式中空注浆锚杆，长 2.5 m，环向间距 100 cm，纵向间距 60 cm，梅花形布置；喷射 C25 早强混凝土，喷射厚度为 23 cm。

F. 开挖、支护进度指标：计划每天进尺为 2 个循环 3 m，加上每月其他不可预见因素耽误 3 天时间，则月进度指标为 3×27=81 m。

G. 防水层：暗挖结构初衬和二衬之间设置柔性全包防水层，防水层采用土工布（400 g/m^2）缓冲层＋厚度为 1.5 mm 的高分子复合自粘胶膜防水层。

H. 绑扎二次衬砌钢筋，灌注仰拱混凝土，灌注仰拱回填。采用模板台车衬砌，浇灌仰拱和二次衬砌为 400 mm 厚的 C35 混凝土。

I. 二衬作业进度指标：同台阶法的二衬进度一样，月进度指标为 600÷81×9≈66.7 m。

3. 单洞双线和单洞单线施工方案比较

（1）定性比较

在理论分析的基础上，从定性的角度出发，针对不同的围岩等级，从施工稳定性、难易程度、地表沉降、水平收敛等方面对 CD 法、台阶法和全断面法进行综合比较，具体如下。

① 围岩等级

新奥法主要利用围岩本身的承载能力并加上开挖过后成形的衬砌共同保证隧道的安全，所以围岩情况对于隧道施工安全有很大的影响。结合以往的隧道施工情况，CD 法比较适合在Ⅳ级和Ⅴ级围岩下施工；全断面法通常在Ⅰ～Ⅳ级围岩下施工；Ⅲ～Ⅳ级围岩施工时宜采用台阶法，台阶长度必须根据隧道断面跨度、围岩地质条件、初期支护形成闭合断面的时间要求、上部施工所需空间大小等因素来确定。

② 稳定性

全断面法开挖面较大，围岩稳定性降低，每个循环工作量较大，爆破引起的震动大；CD 法各部开挖及支护自上而下，步步成环，及时封闭，各分部封闭成环时间短；台阶法将隧道断面分成几个台阶进行开挖，对隧道围岩的扰动小，从而降低了开挖过程中对地表建筑物及周边管线的影响。

综合比较发现，CD 法、台阶法比全断面法的稳定性更好，更适合在一些对地表土体沉降要求严格的工程中使用，但是施工进度较慢。

③ 施工难度

全断面法与 CD 法和台阶法相比，在施工方面主要有以下优点：A. 施工由于其工序少，相互干扰小，便于施工组织管理；B. 有较大的作业空间，有利于采用大型配套机械化作业。针对这些优点，在保证隧道安全的前提下，应当优先采用全断面法进行施工。

三种方法的定性分析对比如表 4.4-4 所示。

表 4.4-4　开挖方法定性分析对比表

施工方法类型	CD 法	全断面法	台阶法
围岩等级	Ⅳ、Ⅴ级围岩	Ⅰ～Ⅳ 级围岩	Ⅲ～Ⅳ级围岩
稳定性	开挖分部多，作业面小，掌子面小，稳定性好	开挖掌子面大，需及时支护，稳定性较好	分上下两台阶，掌子面较大，稳定性较好
施工难度	开挖分部多，作业面较小，工序多，难度较高	开挖分部少，作业面大，工序少，难度小	分上下两部分开挖，工序较少，难度较小
地表沉降	开挖作业面小，支护时间充足，沉降小	开挖作业面大，沉降较大	上下分部开挖，对围岩扰动小，沉降较小
周边收敛控制	左右分部开挖，有利于周边收敛控制	作业面大，掌子面较大，周边收敛控制较差	上下分部开挖，有利于周边收敛控制

（2）定量比较

① 单洞双线对比

A. 工程进度

a. CD 法

开挖初支（每月）：2.4×27=64.8 m；二衬（每月）：600÷120×9=45 m。

b. 全断面法

开挖初支（每月）：3×27=81 m；二衬（每月）：600÷120×9=45 m。

单洞双线全长 247.588 m，考虑到实际施工状况及其他因素，开挖工期预计能提前 23 天左右。

B. 材料消耗

a. CD 法

超前小导管：76.67（m/ 延米）×247.588 m=18 982.57 m；

水泥砂浆：1.81（m^3/ 延米）×247.588 m=448.13 m^3；

初期支护（喷射 C25 早强混凝土）：5.73（m^3/ 延米）×247.588 m=1 418.68 m^3；

钢筋网：97.27（kg/ 延米）×247.588 m=24 082.88 kg=24.08 t；

中空锚杆：75.83（m/ 延米）×247.588 m=18 774.60 m；

砂浆锚杆：46.67（m/ 延米）×247.588 m=11 554.93 m；

钢拱架及连接筋：I16 工字钢每榀 726.915 kg，连接件 298.219 kg，共 1 025.134 kg，由于每榀 60 cm，则共：247.588 m÷0.6 m×1.025 134（t/ 榀）=423.02 t；

中壁临时钢架工字钢及连接件用钢总量：0.221 698（t/ 榀）×247.588 m÷0.6（m/ 榀）=91.48 t；

C25 早强混凝土用量：1.78 m^3×247.588 m÷0.6（m/ 榀）=734.5 m^3；

钢拱架及连接共用钢材量：423.02 t+91.48 t=514.5 t。

CD 法初期支护总量：

钢筋用量：24.08 t+514.5 t=538.58 t；

C25 早强混凝土用量：1 418.68 m^3+734.5 m^3=2 153.18 m^3（不包含超欠挖回填）。

b. 全断面法

由于全断面与 CD 法衬砌结构采用了除中壁临时支撑之外相同的结构，则全断面所消耗的钢筋用量为：538.58 t−91.48 t=447.1 t；C25 早强混凝土用量为：2 153.18 m^3−734.5 m^3=1 418.68 m^3。

C. 小结

采用 CD 法和全断面法施工时，从施工进度和主材（钢筋和混凝土）消耗量两个指标进行对比，具体参数对比如表 4.4-5 所示。

表 4.4-5 CD 法与全断面法定量对比表

施工方法类型	CD 法	全断面法
初支施工进度 /d	115	92
材料（喷射砼 / 钢筋）/（m^3/t）	2 153.18/538.58	1 418.68/447.1

综上所述，针对 TBM 接收井—大石坝车站区间隧道右线中的单洞双线段施工，在保证安全和满足施工进度要求的前提下，建议采用全断面法施工。

② 单洞单线对比

A. 工程进度

a. 台阶法

开挖初支（每月）：2.4×27=64.8 m；二衬（每月）：600÷81×9≈66.7 m。

b. 全断面法

开挖初支（每月）：3×27=81 m；二衬（每月）：600÷81×9≈66.7 m。

左线单洞单线全长 430.954 m，加上右线单洞单线段 116.51 m，单洞单线段总长 547.464 m。考虑到实际施工状况及其他因素，开挖工期预计能提前 51 天左右。

B. 材料消耗

a. 台阶法

超前小导管：38.33（m/ 延米）×547.464 m=20 984.3 m；

水泥砂浆：0.96（m^3/ 延米）×547.464 m=525.57 m^3；

初期支护（喷射 C25 早强混凝土）：4.09（m^3/ 延米）×547.464 m=2 239.13 m^3；

钢筋网：69.08（kg/ 延米）×547.464 m=37 818.81 kg=37.82 t；

中空锚杆：43.75（m/ 延米）×547.464 m=23 951.55 m；

钢拱架及连接筋：I16 工字钢每榀 784.69 kg，连接件 282.98 kg，共 1 067.67 kg，由于每榀 60 cm，则共：547.464 m÷0.6 m×1.067 67（t/ 榀）=974.18 t；

C25 早强混凝土用量：2 239.13 m^3（不包含超欠挖回填）；

钢筋用量：37.82 t+974.18 t=1 012 t。

b. 全断面法

由于全断面法采用和台阶法相同的支护结构，所以两者所消耗的材料相同，即 C25 早强混凝土用量为 2 239.13 m^3（不包含超欠挖回填），钢筋用量为 1 012 t。

C. 小结

采用台阶法和全断面法施工时，对施工进度和主材（钢筋和混凝土）消耗量两个指标进行对比，具体参数对比如表 4.4-6 所示。

表 4.4-6　台阶法与全断面法定量对比表

施工方法类型	台阶法	全断面法
初支施工进度 /d	254	203
材料（喷射砼 / 钢筋）/（m^3/t）	2 239.13/1 012	2 239.13/1 012

因此，针对 TBM 接收井—大石坝车站区间隧道左右线单洞单线段的施工，在保证安全和满足施工进度要求的前提下，建议采用全断面法施工。

4. 道岔区间施工方案优化

按照道岔区间预排的施工组织计划，将道岔区间段初支、二衬的施工过程拆分如图 4.4-22 所示。

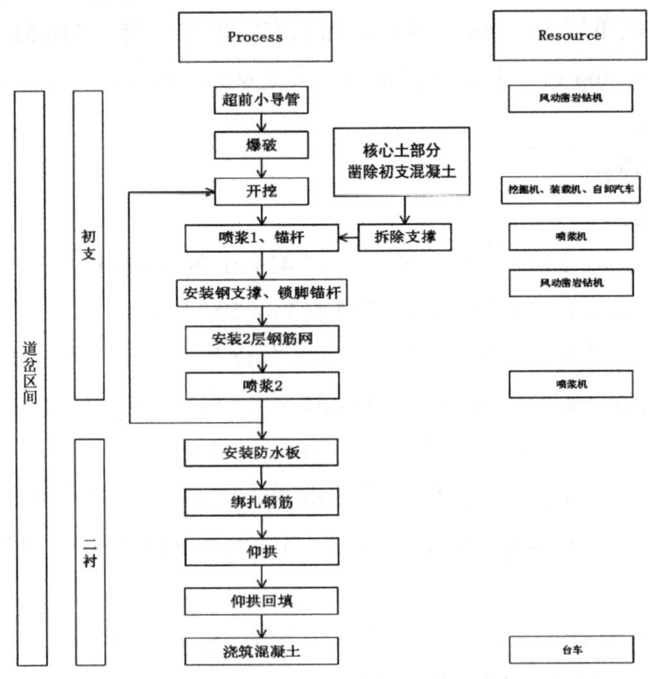

图 4.4-22　道岔区间初支、二衬施工工艺拆分图

道岔区间设计为 9 部开挖的双侧壁导坑法施工，开工前，应用 Delmia 软件对其开挖、支护过程进行模拟。施工时，先挖左侧导洞，后挖右侧导洞，设计导洞分三台阶施工。在方案模拟过程中，发现侧壁上导坑开挖高度仅为 4.6 m，挖掘机在扒渣过程中，挖掘机臂与隧道侧壁出现空间碰撞问题，造成机械出渣难度大、效率低。

针对上述问题，为保证施工进度、便于机械化施工，联合设计、施工，将道岔区间双侧壁导坑法中的导洞由三台阶优化为两台阶，即 9 部开挖优化为 6 部，其中：将 9 部中的 1 和 2 合并为 6 部中的 1，将 9 部中的 3 优化为 6 部中的 2，将 9 部中的 4 和 5 合并为 6 部中的 3，将 9 部中的 6 优化为 6 部中的 4，将 9 部中的 7 和 8 合并为 6 部中的 5，将 9 部中的 9 优化为 6 部中的 6。

开挖方案优化后，在此按照新的施工组织进行预演，优化后的上导坑开挖高度达 8.4 m，空间满足开挖后出渣的要求。导洞分上下台阶施工，并及时施作初期支护和临时支护结构，在初期支护和临时支护的保护下，逐层开挖核心土台阶至基底，然后进行仰拱、二衬施工。优化前后的机械出渣如图 4.4-23 和 4.4-24 所示。

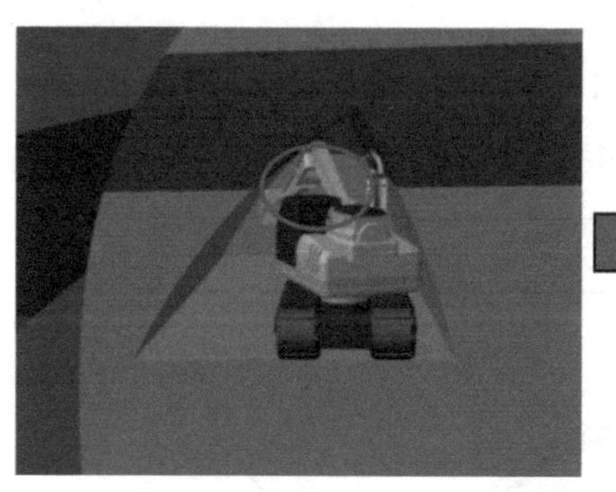

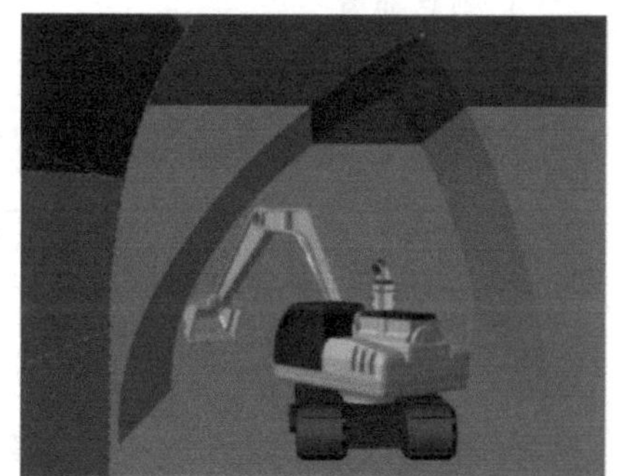

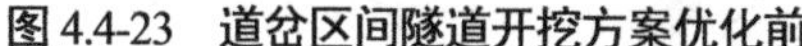

图 4.4-23　道岔区间隧道开挖方案优化前

图 4.4-24　道岔区间隧道开挖方案优化后

5. 区间隧道施工组织优化

优化后的 TBM 接收井—大石坝站区间段隧道施工的横通道，开工后，按照此计划进行安排施工，现场证明是合理的。

4.4.5 区间左右线隧道施工方案验证

1. 验证目的

通过上述定性和定量两种思路来比较单洞单线和单洞双线段的施工方法，最终给出一种最优的施工方案。由于该车站及区间隧道地处繁华城区，为确保安全，在实际施工过程中应加强信息化施工，选取试验段，通过对该段施工过程进行监控量测，验证施工方案的合理性。同时，通过对测试数据的分析，优化施工方案。

本次在单洞单线段和单洞双线段各选取 20 m 试验段进行验证。

2. 验证内容

左线单洞单线选取 ZCK24+179—ZCK24+159 段全断面法施工作为试验段，右线单洞双线选取 YCK24+179—YCK24+159 段全断面法施工作为试验段。监测内容主要是地表沉降、地面建筑物沉降、水平收敛、拱顶下沉。监测点的具体布设可根据实际情况作相应调整。验证内容主要是掌握隧道及周围环境在隧道施工期间的变形，及时反馈给设计和施工，确保本工程及邻近建筑物的安全。

3. 测点布置

垂直于隧道轴线并沿隧道轴线每 5 ～ 10 m 布设一个断面，每个断面设置 3 ～ 5 个测点，地表及洞内测点布置如图 4.4-25 及图 4.4-26 所示。

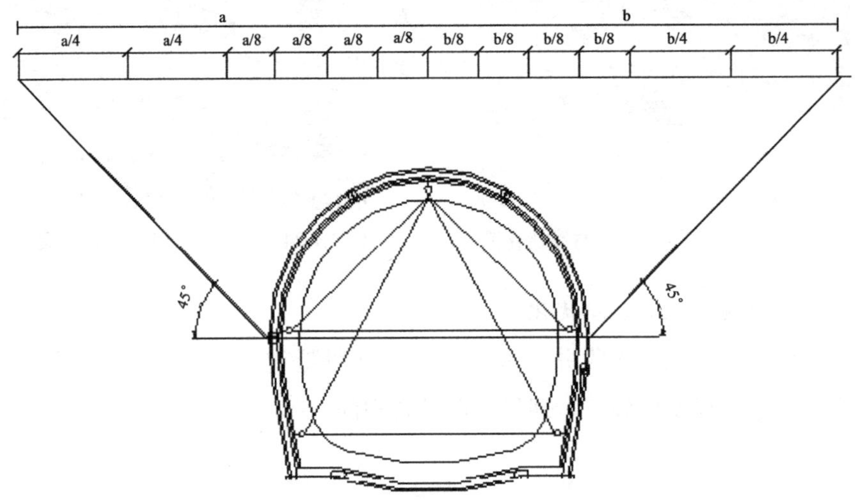

图 4.4-25　单洞单线段洞内测点布置示意图

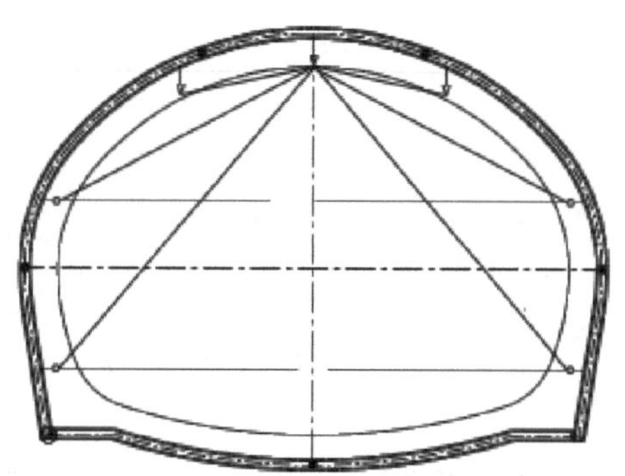

图 4.4-26　单洞双线段洞内测点布置示意图

地表建筑物有 6 栋，将其标记为 J1-1—J1-6 6 个测点，如图 4.4-27 所示。

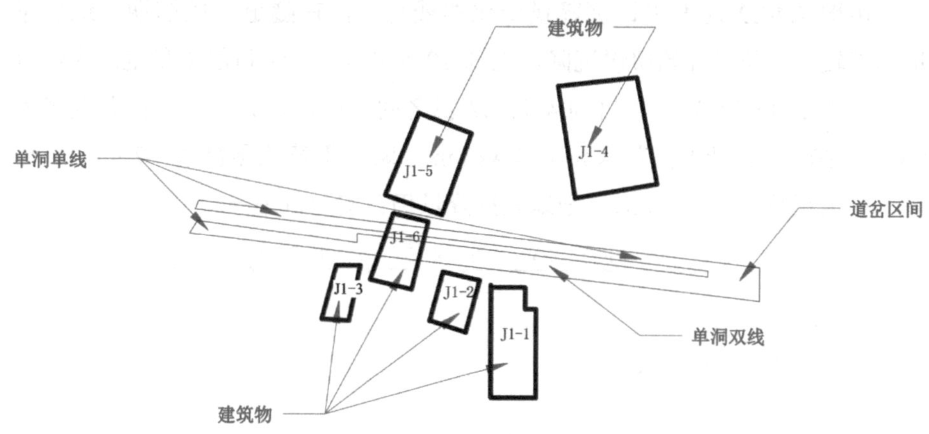

图 4.4-27　地表建筑物监测示意图

4. 结果分析

（1）（右线）单洞双线段全断面法施工验证

从图 4.4-28 中建筑物 3 个监测点的监测数据可以看出，在测试初期，建筑物沉降率较大，后随着开挖支护的完成、围岩开始渐渐趋于稳定，沉降率逐步减小，直至趋于稳定。测点的曲线变化经历了快速增长阶段和缓慢趋稳两个阶段。在 2015 年 3 月 3 日到 2015 年 4 月 14 日之间完成绝大部分的沉降变形并逐渐趋于稳定，且累计沉降量达 11.25 mm，占累计变形总量 13.35 mm 的 84%，历时 55 天后地表稳定。累计变形总量小于黄色预警值 14 mm，为安全状态。

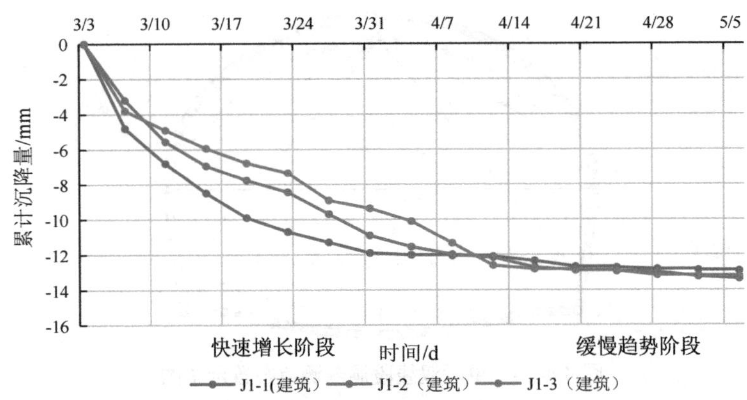

图 4.4-28　单洞双线段建筑物累计沉降量变化曲线

由图 4.4-29 地表累计沉降量变化曲线可知，在隧道开挖初期，地表下沉速率较大，随后开始缓慢沉降，直到 2015 年 4 月 27 日趋于稳定。大部分沉降量在 2015 年 3 月 2 日到 4 月 27 日之间完成，且累计变形占总变形的 80% ～ 90%。累计变形最大量为 7.42 mm，略高于黄色预警值（7 mm），但小于橙色预警值（8.5 mm），则地表沉降量仍在安全范围内。

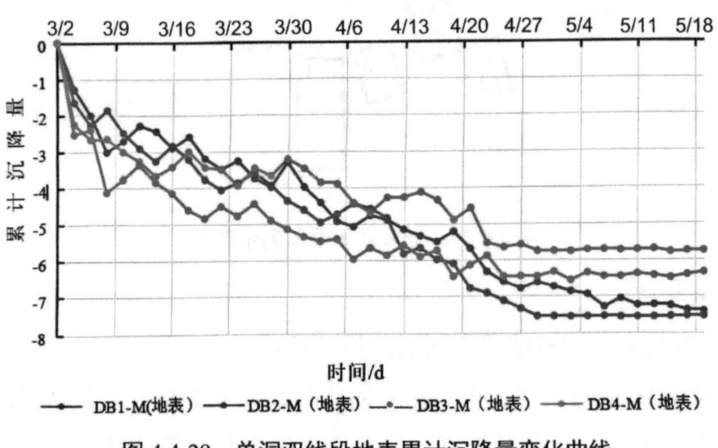

图 4.4-29　单洞双线段地表累计沉降量变化曲线

从图 4.4-30 洞内水平收敛变化曲线可以看出，其曲线变化呈抛物线形。曲线总的变化趋势分为快速增长、缓慢增长和趋于稳定三个阶段。结果表明：在隧道开挖初期，围岩收敛明显，开挖 30 天后收敛就基本趋于稳定，其中 SL24+170 和 SL24+175 收敛量为 7.11 mm，SL24+165 收敛量为 6.24 mm，均在安全范围内。

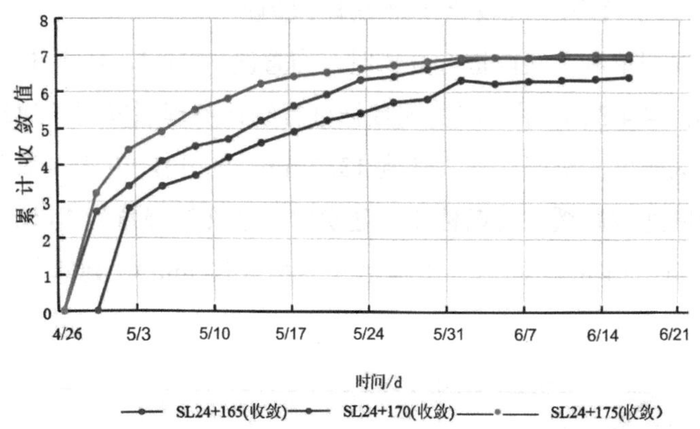

图 4.4-30　单洞双线段洞内水平收敛变化曲线

由图 4.4-31 可以看出，测试初期拱顶下沉速率较快，其中，2015 年 5 月 9 日下沉量在 11.3 ～ 13.5 mm 之间，占总下沉量的 60% 左右，随后下沉速率减小并在 5 月 30 日以后逐渐趋于稳定。拱顶最大下沉量为 22.6 mm，略高于黄色警戒值（21 mm），但小于橙色预警值（25.5 mm），在安全控制范围内。

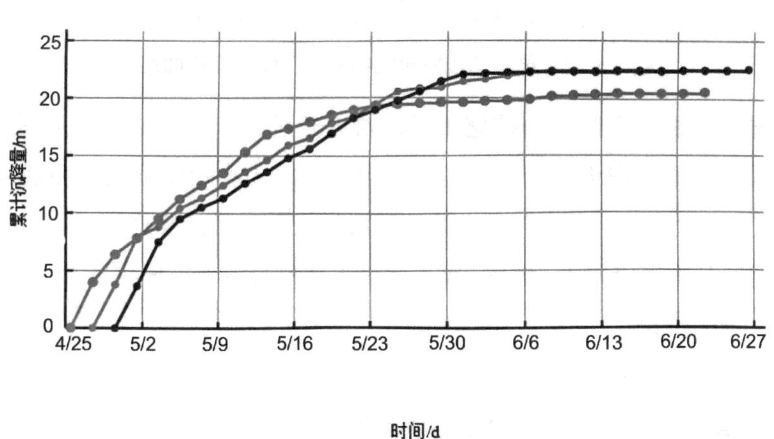

图 4.4-31　单洞双线段洞内拱顶下沉变化曲线

在 YCK24+179—YCK24+159 段全断面开挖试验段，通过对地表沉降、建筑物沉降、洞内拱顶下沉和水平收敛等进行监测，将监测值与安全值相比较，发现测试结果均在安全范围以内。经现场施工验证，单洞双线段采用全断面法施工是安全可控的。

（2）（左线）单洞单线段全断面法施工验证

在对左线即单洞单线段进行开挖时，布置测点 J1-4、J1-5 和 J1-6 进行沉降监测，如图 4.4-32 所示。将监测数据进行统计整理后发现，建筑物均在开挖阶段有较大幅度的沉降，最大达到 13.7 mm，在开挖 20 天左右开始逐渐趋于稳定，沉降速度减缓并逐渐停止。建筑物的最终沉降量为 14.01 mm，略高于黄色警戒值（14 mm），但小于橙色预警值（17 mm），建筑物仍处于安全范围内。

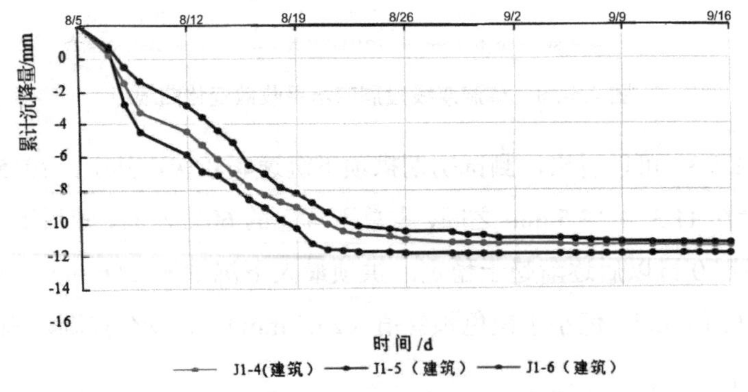

图 4.4-32　单洞单线段建筑物累计沉降量变化曲线

单洞单线进行全断面开挖施工时，对地表进行了沉降监控，从图 4.4-33 中可以看出，地表在最初开挖时有些地段开始时先小幅度隆起然后逐渐开始沉降，有些地段直接开始沉降，沉降开始时较快，然后沉降速度减缓，并最终达到稳定。最大沉降量为 10.05 mm，远小于黄色警戒值，属于安全范围。

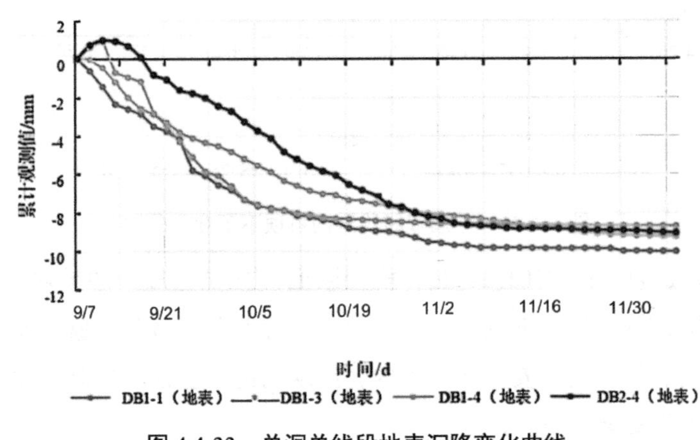

图 4.4-33　单洞单线段地表沉降变化曲线

从观察区间收敛的折线图 4.4-34 可以看出，其变化曲线呈抛物线形。曲线变化趋势分为快速增长阶段、缓慢增长阶段和稳定阶段，说明在单洞单线开挖施工刚开始时，周边收敛位移增长较快，在开挖 10 天左右基本趋于稳定，随后增长变化速率逐步减小，并逐步趋于稳定。图中三个变化曲线，SL24+165 初期收敛速度最快，最终的收敛值最大为 6.72 mm，在安全范围内。

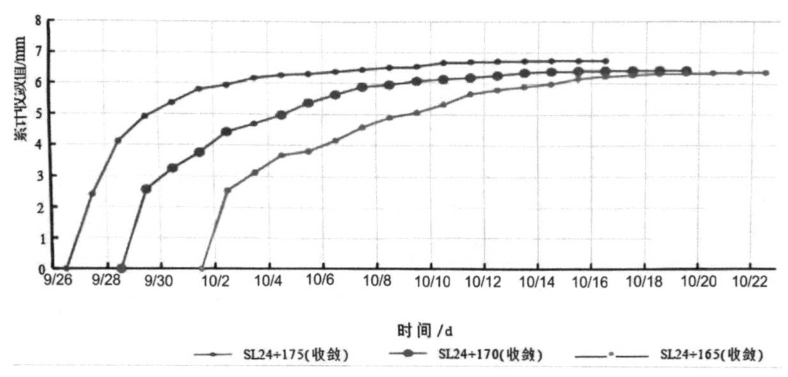

图 4.4-34　单洞单线段水平收敛变化曲线

此外，由于右线单洞单线段与左线单洞单线段地质情况和断面情况相同，可参考左线单洞单线段，不再重复整理监测数据。

第5章

数字孪生与BIM技术在市政综合管廊及路桥建设中的应用

◎第 5 章◎　数字孪生与 BIM 技术在市政综合管廊及路桥建设中的应用

5.1 项目研究概述

5.1.1 项目研究背景

随着经济的不断发展，全国各地城市化发展进程越来越快，为满足更多的使用需求，城市需要建设更多的市政设施。市政设施建设不仅投资巨大、技术密集，而且要求设施完善、功能齐全。市政设施是构建一个现代化城市的基础，市政设施的管理影响着一个城市的经济、生活和文化的建设。石家庄市近几年来，城市面貌发生了巨大变化，面对日益增多的公共设施种类和设施数量，市政设施管理落后的问题也日益显现，主要集中在设施信息缺失、问题处置被动、管理粗放、工作效率低等。遵循科学管理规律，加强市政工程建设管理，保障各类市政设施有效全面运行，是市政设施建设效益不断提高的关键。

城市地下管线是城市的“生命线”，担负着城市各种资源与信息的传送任务，是城市高效运转的基础。然而，随着城市不断发展，地下管廊中的问题，如管线老化、突发点泄露、通信中断、交通中断等会直接影响人们的正常生活并容易造成安全隐患，因此城市地下管廊的综合治理和监测越来越重要。为了提高城市运行质量和效率，社会和政府对城市地下空间环境越来越重视，城市地下综合管廊的安全运行需要注入更多的科技力量和现代化技术。传统的城市地下管廊管理仅仅包括突发事件人工查找、经验值判断挖掘等方式，既容易损伤管线，又存在盲目性，尤其存在突发性故障事件查找及排除能力差等问题。城市地下管廊的隐患及故障情况发生处理往往是事后补救方式，容易影响城市的正常运转，并对基础设施保障工程安全性构成威胁。目前国内逐步开展城市地下管廊隐患排查等工作，将管网漏失率控制在国家标准以内，力求降低管网事故率，避免重大事故发生，已取得多部门认同。实践表明，实时掌握地下管网安全运行情况，及时发现安全隐患，并采取措施预防事故发生是非常必要的。动态监测与预警技术可以很好地满足城市供水、排水、燃气、热力、电力、通信、广播电视、工业管理等部门对于管线运行安全监测与预警的需求。因此，通过动态获取数据的模式对城市地下管廊进行实时监测，并进行差异性分析预警，将故障发生控制在了“事前”及“事中”，为城市“生命线系统”的安全运行注入了技术支持，为城市地下管廊等相关部门提供高效便捷的工作方式，也为多部门联动协调工作提供了合理化平台，节省了城市安全性建设及故障排除成本，对于城市地下空间安全及发展领域来说，具有重要的技术应用前景和广泛的经济及社会意义。

5.1.2 项目研究意义

将 BIM 技术与数字孪生技术应用到市政综合管廊与路桥中，一方面，BIM 技术可以克服传统综合管廊和路桥施工过程中和后续监测管理中的“信息孤岛”效应，让业主、设计单位、施工单位以及管理单位等建设项目参与方更加直观地了解项目策划、设计、施工、运营管理的各个阶段；另一方面，将数字孪生技术与 BIM 技术结合并运用到建筑行业中，能够提高工作效率，加强工程管理能力，提升工程质量。在不消耗现实资源和能源的前提下，通过 BIM 技术与数字孪生技术对建筑施工实际过程进行三维模拟分析，提前预知在施工阶段可能遇到的问题，加强施工单位对施工过程的提前控制和动态管理，并作出及时有效的应对措施，确保安全施工。另外，在项目后期的运营管理过程中，BIM 技术与数字孪生技术还可以通过远程监控系统协助物业进行项目管理，提升工程项目的整体效益，推进 BIM 技术与数字孪生技术在我国建筑行业的发展。BIM 技术与数字孪生相结合可以实现综合管廊和路桥信息的实时采集和三维展示，以及三维形象化管理。

BIM 技术能够应用在建筑工程的全生命周期中，可以在各个阶段发挥作用。BIM 技术也不是无所不能的，在建筑施工阶段中，有很多地方也需要物联网技术的支持。BIM 技术在施工阶段中的应用主要有以下几个方面：

（1）碰撞检查与减少返工。在传统的建筑施工中，因建筑工程专业、结构专业、设备及水暖电专业等各个专业独立设计，导致图纸中平、立、剖面图之间、建筑图与结构图之间、安装与土建之间以及安装与安装之间存在冲突，而 BIM 技术可以在前期进行碰撞检查，快速、全面、准确地检查出设计图纸中的错误、遗漏及各专业之间的碰撞等问题，减少由此产生的设计变更和施工中的返工，提高了施工现场的生产效率，有利于保证质量、节约成本、缩短工期和降低风险。

（2）精确算量与成本控制。工程量统计结合 4D 的进度控制就是 BIM 技术在施工中的 5D 应用。施工中的预算超支现象十分普遍，缺乏可靠的基础数据支撑是造成超支的重要原因。BIM 技术是一个富含工程信息的数据库，可以真实地提供造价管理所需的工程量信息，借助这些信息，计算机可以快速地对各种构件进行统计分析，进行工程量计算，保证工程量数据与设计图纸的一致性。工程量计算的准确性直接影响到工程预算、工程结算及成本控制的准确性，BIM 技术恰恰解决了这一问题。

（3）现场整合与协同工作。BIM 技术集成了建筑物的完整信息，给项目参建各方提供了一个三维的、便于交流与便于协同工作的平台。参建各方将 BIM 模型统一通过 BIM 服务器平台进行数据存储和数据交换，项目各方人员通过平台获取和浏览 BIM 模型，为施工现场人员提供三维模型、施工方案模拟、施工工艺、节点大样图、钢筋料表、进度、成本等信息，从而帮助现场人员更好地理解项目，方便洽商，达成共识。

物联网技术为综合管廊监测和路桥全生命周期的监控监测提供帮助。物联网在施工阶段的应用主要有以下几个方面：

（1）现场人员管理。对现场施工人员安全帽、安全带、身份识别牌进行相应的无线射频识别，可以实现人员在施工现场的定位和跟踪。结合在 BIM 系统中的精确定位，如果操作作业不符合相关规定，身份识别牌与 BIM 系统相关定位同时报警，可使管理人员精准定位隐患位置，及时采取措施以避免事故的发生。电梯运行安全监测由于超载或超负荷运行，施工工地的运输电梯常存在安全隐患，特别是在超高层建筑工程中更应引起注意。电梯的运行监测通过物联网及时进行安全报警，从而做到防患于未然。

（2）地下空间施工监控。在地下工程施工中，由于地质条件复杂，施工过程控制尚无系统性、可靠性和及时性的方法。应用物联网技术后，温度、应力、加速度等传感器和无线传感网络在地下空间施工的碰撞预警、施工环境监测、施工质量保障、人员和设施财产安全管理等方面均有显著效果。

（3）运行状态监控。管廊运行是路桥运维阶段的监测设备，通过物联网技术可对运行状态进行实时监控和记录。

在建筑施工阶段，不仅需要 BIM 技术的支持，还需要数字孪生技术发挥作用。本项目正是利用二者的优势，实现 BIM 技术 + 数字孪生技术的市政综合管廊和路桥的全生命周期研究。

5.1.3 国内外研究现状

数字孪生技术充分利用物理模型、传感器更新、运行历史等数据，集成多学科、多物理量、多尺度、多概率的仿真过程，在虚拟空间中完成映射，从而反映相对应的实体装备的全生命周期过程。

数字孪生技术的应用范围非常广泛，包括制造业、航空航天、能源、医疗、交通等。在制造业中，数字孪生技术可以用于产品设计、生产规划、质量控制和运维管理等方面；在航空航天领域，数字孪生技术可以用于飞行器设计、飞行模拟和故障诊断等方面；在能源领域，数字孪生技术可以用于电网优化、能源管理和设备维护等方面。

在建筑领域，BIM 技术与数字孪生技术的结合具有广泛的应用前景，也为市政管廊与路桥建设带来了新的机遇和挑战。

1. 国外研究现状

关于综合管廊的研究，欧洲起步较早，在 20 世纪末，欧洲综合管廊的发展又一次迎来热潮。早在 2007 年，Hee-Soon Shin 及 Eui-Seob Park 通过对实际城市案例的研究，发现在进入 21 世纪后，城市化发展将会达到顶峰，城市人口急速增加的同时，现有市政公共设施难以满足实际需求，管道高负荷运转、交通拥堵、环境问题日益严重，于是他们提出开发地下城市空间，诸如地下商场、城市地下综合管廊等，有效提高城市的综合空间利用率。Lavagno E 和 Schranz L 从可持续发展的角度出发，通过举例对比传统市政管线与管廊管线的利弊模式，得出城市地下综合管廊不但充分提高了城市空间利用率，在节能和环保方面也具有很大优势，同时提出新兴城市发展选择城市地下综合管廊的展望。在项目融资模式方面，Hart 认为综合管廊属于营利性大型市政设施，并从外部环境、企业环境、项目环境多个层次对模型进行应用分析。

2. 国内研究现状

我国 BIM 技术的应用处于起步阶段，国内尚没有相应的 BIM 标准及指导实施办法。为探寻适合我国建筑产业的 BIM 软件，近年来 Autodesk 公司、达索公司也在逐步扩大国内软件研发业务，在房屋市政及综合管廊领域颇有建树。在全寿命周期管理方面，成虎等认为工程全寿命周期管理是管理思维与工程实践的综合体现，其核心就是工程管理的全部要素在全寿命期维度上的体现。全生命周期应包含工程的决策、建设、运行、拆除各个阶段。李之雅分别从投资决策阶段、设计阶段、招投标阶段、施工阶段和运营维护阶段来讨论，认为全生命周期中由于各个阶段分隔脱节，缺乏沟通交流，专业经验和关注点的差别导致的工程总目标差强人意，工程建造所产生的信息及管理模式亟待信息化手段参与。杨晓东提出把物联网与 BIM 技术应用到地下综合管廊建设运维中，认为把压力、温度、气体浓度等传感器芯片作为数据监测工具，利用 BIM 技术与物联网技术对管廊运维进行实时监控，认为经过长期数据积累可形成 BIM 智慧数据库，为后续工程维护提供基础。唐超提出利用 GIS、云计算、大数据、物联网等高新技术，把全生命周期管理思想应用在城市综合管廊运维管理中，重点研究了 GIS-BIM 技术在管廊运维中的应用，构建了“感知层 + 数据处理层 + 病害展示层”的系统框架，并对数据格式兼容性提出展望。国内对 BIM 技术在管廊工程中的应用研究主要集中在以下几个方面。

（1）BIM 技术在管廊设计、施工阶段的应用研究

郑思龙、徐伟等认为传统 CAD 设计模式在管廊工程中，容易暴露出多专业协同设计的弊端，他们提出将 BIM 技术协同设计引入城市综合管廊工程项目设计中，改变传统的设计流程与设计方式，通过三维建模减少了各专业综合设计的难度，并实现工程项目“零成本，预施工”，通过数据流转方

式、设计成果等指标，结合实际工程论证了基于 BIM 技术协同设计的优越性。马浩则进一步对综合管廊三维建模 BIM 软件 Revit 作了二次开发研究，原有 Revit 软件中仅有常规房屋市政工程系统族，没有适用于城市综合管廊模型的族库，其研究建立了箱涵结构族构件、管线设备族构件、警示标牌族构件等，丰富了综合管廊构件的参数化族库，为同类管廊工程 BIM 的建立提供学习和借鉴。唐梦聪依托在建管廊工程对 BIM 技术协同设计进行研究，通过与传统设计方式作对比，得出 BIM 技术协同设计解决了设计进度、冲突检查、施工图出图等实际设计、施工中遇到的问题，缩短了工程建设周期。姚发海、周骏杰等在施工进度管理方面对传统施工方式与 BIM 模式作了对比，提出了基于 BIM 的 4D 管廊施工进度管理方法。

（2）基于 BIM 技术的管廊运维研究

殷宪飞对城市综合管廊运维管理系统作了深入研究，提出城市综合管廊运维管理模型应在原有的视频监控系统基础上增加 BIM 可视化运维管理平台与运维数据库，共同组建成管廊智能运维系统；通过三大系统的有机结合，实现对结构信息、设备信息、合同信息等多方面的管理，并利用 GUI 等设计软件对管廊运维系统作了初步设计，基本囊括了实时信息采集、可视化查看、联动报警等功能，应属于 PPP 模式范畴；强调综合管廊运营周期较长，在 PPP 模式下需要重点加强管廊运营期的管理。Estache 认为管廊项目采用 PPP 模式需要有政府政策的支持，放任企业自由选择将会在项目建设过程中埋下隐患。在管廊设计、施工方面，Canto-Perello-J，Curiel-Esparza J 等人作了大量研究，认为综合管廊设计阶段除了考虑管廊路线规划与城市未来发展的协同性之外，还要考虑廊内管线设备安装净空要求与人工作业空间等因素；为保障施工顺利，建议各分包专业间采用协同设计方式，并综合考虑管线交叉、施工安全等影响现场施工的多种因素。在管廊运营方面，Canto-Perello J、Curiel-Esparza J、Calvo V 就管廊系统与城市交通系统交叉运营问题作了探讨，认为城市地下综合管廊可以归纳为城市交通运输系统的一部分，但是管廊作为地下结构，市政道路的交通运输承载量会影响到管廊的安全运作，建议提高二者之间的兼容性。JulianCanto-Perello、Jorge Curiel-Esparza 针对管廊的运维管理作了深入研究，认为管廊资本回收周期较长，其涉及所有权、初始投入、安全运营等方面问题，自开始建设起需吸纳政府资本，后期的运营管理工作时间跨度较大，需以政府企业为主导进行安全管理。

（3）BIM 技术在管廊建设中的应用

Roland Billen 探究了 BIM 技术在管廊建设中应用受阻的原因，指出综合管廊设计专业众多，BIM 技术的应用仅有建设方与总包方的参与还远远不够，还需要勘查、设计、各个分包共同参与，否则 BIM 技术的应用将止步于概念模型阶段，很难真正应用到实际工程中去。BIM 技术的应用需要专业技术团队的支持。Harsha Vardhan Reddy 及 Guduru Penusila 选择美国得克萨斯州与达拉斯市的实际管廊项目为研究对象，从项目的设计阶段出发，依照 CAD 图纸建立工程 BIM 三维模型，用以指导现场施工。同时，通过三维可视化模型，对项目进度、成本等多方面进行管理。基于业主角度而言，运用 BIM 技术对管廊进行信息化管理，有效提高了管理效率与管理质量，在节约资金的同时也科学保障了工程质量。Rakesh、Gopala Raju Doraiswamy 借助 BIM 技术对管廊工程的管线安装作了详细研究，提出首先利用 BIM 技术的数字化手段，对实际建成管廊数据进行实地采集，借助 BIM 系列软件的模拟功能，根据安装管线的尺寸数据初步进行管线的吊装模拟，有效避免了安装过程中的“误工、返工”问题，但是此类模拟施工具有一定局限性，仅限适用于全开挖式施工的管廊工程。在管廊线路规划方面，T. Kang、T. Park 等人结合实际案例，使用 GIS+BIM 技术进行管廊的线路规划，通过 ArcGIS 软件对管廊周边地理环境进行分析，结合 BIM 三维建模的功能，对项目全生命周期成本进行预估，并初步建立一个可行性研究系统，为后续同类工程建设提供借鉴与参考。

（4）BIM+VR 技术的应用现状

VR 应用系统是一个充满丰富互动性的环境，体验者戴上可以使其完全沉浸于虚拟世界中的具有仿真效果的设备，在人工打造的世界中自由探索和互动。此外，系统本身可以弥合用户在虚拟场景中访问和交互的限制，无须考虑距离、时间或者危险。BIM 技术、VR 技术的出现，不仅实现了建设对象的“实体化”，使其从复杂抽象的二维平面变为三维、四维甚至更多维度的可视化虚拟对象，而且在综合模型中利用计算机自动在各专业间进行全面检验，施工的精确度得到大幅度提高。搭载了 VR 技术，BIM 系统可以提供沉浸式的体验，有效提高资源整合能力，全面提升各个标段的地形地貌的展示效果，提高设计部门与施工单位的沟通效率，有利于基建行业的发展。目前，已有国内外学者进行有关 BIM+VR 技术的应用研究。韩豫等人为改善传统施工安全教育形式枯燥、内容单调等状况，运用 BIM+VR 技术构建了交互、可视化的施工安全知识学习系统；马勇等人为解决地铁工程施工存在一定局限性的问题，使用 BIM+VR 技术直观地展示不同施工方案，使施工人员真实地感受施工场景、理解施工方案与工艺，实现对施工技术方案的优化；为了使医院建筑项目的所有相关方清楚地了解项目的计划和实时状况，Lin 等人研究开发了一个数据库支持的基于 VR/BIM 的通信和仿真系统，该系统在 VR/BIM 环境中进行通信与视觉交互，提高了设计团队和利益相关者之间的沟通效率。

5.1.4 项目需求以及研究必要性

建筑业对信息化要求不断提高，我国“十三五”规划中加大对 BIM 技术的推广力度，提出针对 BIM 的建筑设计、节能设计、施工优化、施工安全分析、成本估算等方面的研发利用，完善协作平台，以期实现对模型的高效利用和科学管理。目前 BIM 技术已逐步运用到我国现代建筑建设项目中，但在广度及深度方面与国外发达国家仍存在一定的差距，尤其是在市政工程领域方面的研究及应用尚处于初期探索阶段。许多研究者采取协同设计的方式对城市道路及地下管廊进行参数化建模，并对 BIM 模型进行碰撞检查、工程量统计以及施工平剖面图提取等简单应用；同时，采用 BIM+GIS 等新技术、新手段，以辅助城市市政管理部门的综合管理；开发和应用虚拟动态优化管理软件系统，对城市市政设施项目的工期、成本、质量和安全进行虚拟可视化管理，不断提升市政工程项目施工管理的经济和社会效益。这些研究为 BIM、GIS 和 VR 技术为市政管廊和路桥工程建设与管理提供建设性的参考依据。

本项目为促进石家庄市市政工程的高效管理，以现代信息技术为市政设施管理的手段，建立和完善数字化市政设施管理体系，以提高城市设施综合管理能力和运行水平。通过项目的研究，解决市政管理部门当前亟待处理的设施数据集成可视化与交互性等问题；探索和创新市政管理方法，并使用最新的信息化技术设计和实现一套应用于城市公共设施管理的软件系统；逐步建立资料完整、信息可靠、反应迅速、处置及时、运转高效的市政设施管理应用体系，提高市政管理部门的工作效能和服务水平；科学合理地分配和管理城市各项公共设施资源。市政设施管理应用将作为未来"智慧市政"和"智慧石家庄"的重要组成部分，为现代化市政设施建设建造、养护、问题应急响应体系的形成和城市数字化、智慧化综合管理体系的形成提供支撑。

5.2 关键技术和主要研究内容

5.2.1 项目总体设计及功能

基于互联网 +BIM 的市政综合管廊与路桥工程应用研究系统集成了 BIM 技术、物联网技术、大数据分析技术和 VR 技术，实现了在线三维可视化综合管廊和路桥的监测。该系统基于物联网的城市地下综合管廊与路桥动态监测与预警系统，包括综合管廊观测基站、无线数据传输单元、综合控制中心以及 BIM 应用单元。综合管廊与路桥观测基站与所述综合控制中心通过无线数据传输单元进行数据的传输与控制。该动态监测与预警系统采用互联网技术，实现城市地下综合管廊与路桥环境的全口径数据采集，能够动态及时地掌握城市地下综合管廊与路桥的运行环境、管线负荷运行情况、受损管线位置、突发事件位置及承载力等情况变化，对于预警突发性城市"生命线"系统状况和城市安全运行有着重要意义，对城市地下综合管线保护、监测与预警有实用价值。如图 5.2-1 所示。

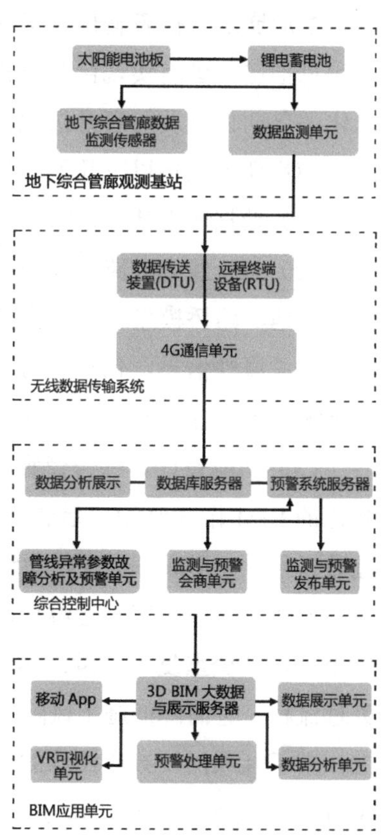

图 5.2-1　基于互联网 +BIM 的市政综合管廊与路桥监测系统功能图

5.2.2 项目主要技术路线

系统主要技术路线如图 5.2-2 所示。系统通过 BIM、物联网、移动互联等技术，将现场多种监测仪器串联起来，并采取自动采集、手动和批量录入的方式实现监测数据信息入库。对采集数据进行预处理，保证监测数据的有效性。自动计算温度、湿度、压力形变等参数指标，并按照综合管廊和路桥监测的业务流程实现基于 BIM 技术的数据展示、图形展示、报表输出、报警的判定及消息推送，进而实现监测可视化、信息化、自动化以及管理升级化。该项目 BIM 应用研究包括以下几个部分：

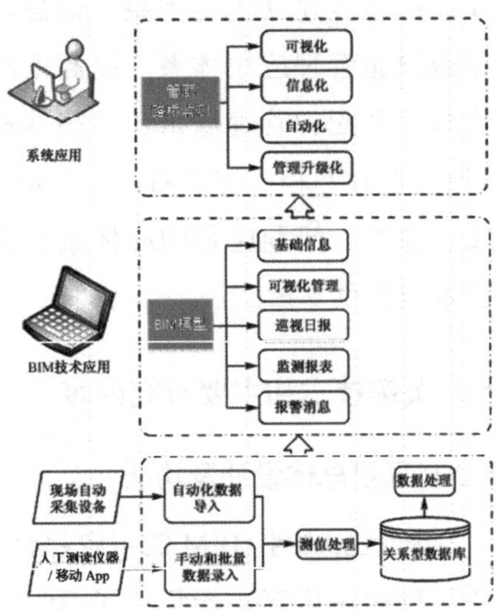

图 5.2-2　基于 BIM 技术的基坑监测管理架构

（1）数据库设计。按照不同的监测设备和监测类别设计数据库。

（2）综合管廊和路桥模型。BIM 为监测数据的信息载体。按照设计图纸创建场地、路桥模型、管线模型，以及实际应用的地铁盾构中的三维模型。添加相关属性信息，包括几何尺寸、材质信息、构件编号、标高数据、设计图纸编号等内容，形成符合现场应用的综合管廊信息模型。

（3）功能设计。综合管廊与路桥监测管理系统拟整合信息化技术，以可视化的 BIM 作为监测信息载体，实现监测数据及巡检记录的及时上传。通过数据分析，形成各类变化曲线和展示图形，使监测成果"形象化"，方便各参与方随时掌握施工与运维期间的信息情况；按规范要求输出监测报表及监控报告，减少重复工作量；建立信息反馈机制，形成有效的信息推送、报警处理流程，进而降低施工风险，提升综合管廊和路桥监测的信息化水平。综上，基于互联网 +BIM 技术的综合管廊与路桥监测管理系统的设计功能包含 BIM+GIS 的实时综合管廊与路桥全生命周期三维化信息管理、BIM+VR 模块、综合管廊云监测模块。

5.2.3 项目主要研究内容

本系统采用 BIM、VR、GIS 及物联网等技术，实现市政综合管廊与路桥全生命周期的三维可视化、三维虚拟体验及综合管廊云端监控的高效管理，具体描述如下：

（1）BIM+GIS 实现市政综合管廊和路桥全生命周期的三维可视化管理与应用。对于市政建设而言，地下综合管廊、市政公路、公共建筑以及地铁等海量数据的集成、分析、计算是市政工程全生命周期管理的关键。利用互联网 +BIM 技术实现市政工程建设中海量数据的三维可视化和云共享服务，从而使得各阶段参与方能够获取实时数据，并为其有效沟通和科学决策提供信息交流共享的平台。采用 BIM+GIS 三维数字化技术，将地下管线、建筑物及周边环境进行三维数字化建模，实现信息从宏观到微观的掌控。将宏观 GIS 领域的地理空间信息与微观 BIM 领域的物体内部信息互通，以满足用户对内部信息数据的查询与空间信息的分析等需求。

（2）BIM+VR 解决“所见非所得”和“工程控制难”的问题

VR 与 BIM 相结合实现对市政工程各阶段的三维可视化的虚拟管控。VR 弥补了 BIM 模型单纯观看的短板，实现了三维虚拟体验，在 VR 场景中可以解决信息管理和信息沟通的问题。无论处于工程项目的哪一阶段（方案阶段、设计阶段、施工阶段、运维阶段），参与各方都可以通过 BIM+VR 来体验未建成项目的真实效果，让很多问题得以提前考虑、提前修改，有效地避免了资源浪费，保证了项目在各个阶段都能够高效高质量完成。

（3）综合管廊云监控

基于 BIM 技术的三维综合管廊监控系统集成了真实影像地形数据及模型数据，利用物联网技术将传感器所获得的数据实时上传至云端，并与系统中的模型数据关联，实现对城市管廊内部信息的实时查询以及空间数据分析的双向应用功能。若地下管廊发生爆管、压力泄漏等紧急事故，可在 3D GIS 系统中第一时间获取事故管段的准确位置、相关参数和流向等信息，追溯需要关闭的阀门，最大限度降低灾害影响程度。

5.3 基于数字孪生 +BIM 技术的市政综合管廊与路桥监测平台

5.3.1 软件主界面布局设计

主界面是软件与用户进行交互选择的重要地方。在进行界面设计时，应始终以界面友好为前提，以用户为中心，以保持整体风格大致一致为原则。该系统主界面的布局主要包括主地图窗口、菜单栏、工具选项栏、图层管理器、状态栏等。地图窗口是对二维地图和三维场景的显示；菜单栏是整个系统操作的集合，用 C# 的 Developer Express 的 xtarBar Ribbion 控件实现；工具选项栏包含了系统中一些常用功能，主要用 xtarBar Ribbion 实现；图层管理器可对地图图层进行可视、隐藏、删除等管理；状态栏主要是对登录用户操作实时的显示，用 StatusStrip 控件实现。

5.3.2 登录界面

系统的用户名管理用来对进入海启高速连续梁监测 BIM 管理平台的用户进行身份查验，以防非法用户进入该系统。在登录时，只有合法的用户才可以进入该系统，而且系统可以根据登录用户的级别给予其不同的操作权限。系统登录界面如图 5.3-1 所示。

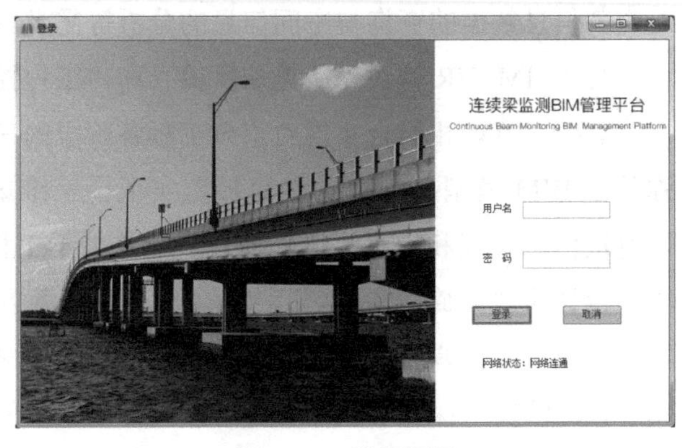

图 5.3-1　登录界面

5.3.3 场景管理器

场景管理器是以窗口的形式对所打开的三维模型场景进行管理，主要包括对连续梁模型的管理。

在此管理窗口，可以对模型的导入位置进行简单管理，选择所需要导入的文件夹，然后选择需导入的模型按钮即可导入相应位置。在三维场景中，实体常常需要再分类，需要细分的图层可在文件夹下设置次级子文件夹，从而进行分类管理。

5.3.4 场景管理菜单

场景管理菜单包括对三维模型及场景的控制，文件管理主菜单如图 5.3-2 所示。

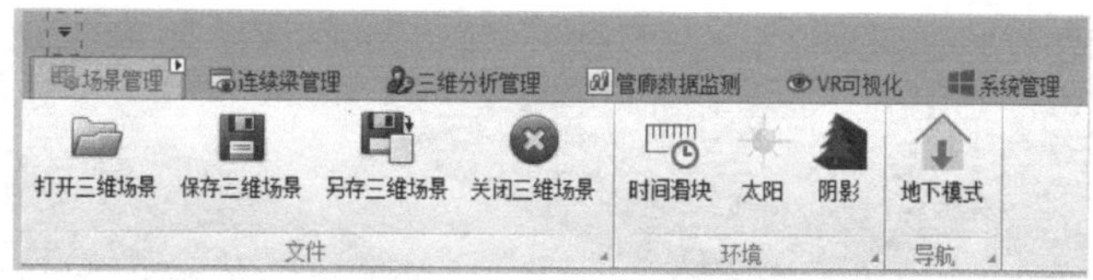

图 5.3-2　文件管理菜单

（1）打开三维场景

浏览文件夹，选择并打开扩展名为“*.fly”的文件，系统主界面会显示打开的工作空间文件。

（2）保存三维场景

存储管线生成完毕或修改完毕的三维场景文件至默认的文件夹。

（3）另存三维场景

采用别的名称存储管线生成或修改好的工作空间文件。

（4）关闭三维场景

关闭当前主地图窗口、场景管理窗口的文件。

（5）时间滑块

该功能调整三维场景的时间设置，全长为 24 小时，同时伴随着日照、阴影等效果的变化。

（6）日照

打开程序后默认为有日照，关闭后会产生阴影效果，效果如图 5.3-3 所示。

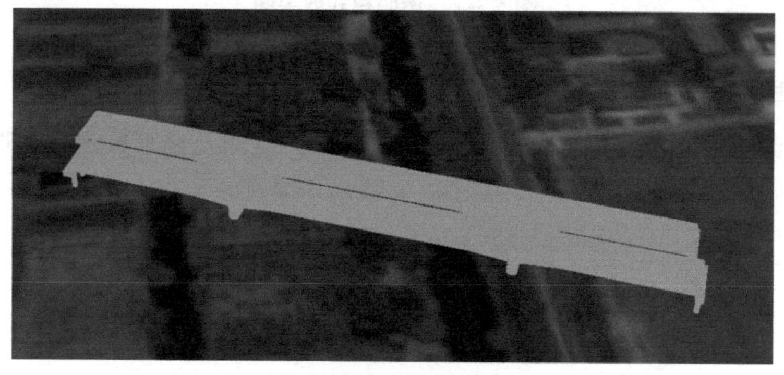

图 5.3-3　无日照效果

（7）阴影

点击阴影图标后，建筑物会产生日照阴影效果，并且随着时间滑块的变化也随之变化，效果如图 5.3-4 所示。

图 5.3-4　阴影效果

（8）地下模式

点击“地下模式”，将地面和地上建筑全设为半透明的，可清晰地看到地下隧道的走向和分布情况，如图 5.3-5 所示。

图 5.3-5　透明模式效果图

5.3.5 连续梁管理模块

连续梁管理模块包括监测状态、温度应力监测及线形监测，如图 5.3-6 所示。

图 5.3-6　连续梁管理菜单

1. 监测状态

单击主菜单的“监测状态”，选择要查看的连续梁左右幅，即显示当前所选梁的监测状态，右击“恢复原有地形和模型”。

2. 温度应力监测

单击主菜单的“温度应力监测”，显示温度应力监测的具体信息。

（1）单击“设计值录入”，弹出如图 5.3-7 所示的界面，录入相关信息，单击“保存”按钮，对所填信息进行保存。

（2）选择相应的“梁块位置”“梁块名称”“测点编号”，单击“查看”按钮，右侧将显示按日期绘制的应力趋势图。

（3）在温度信息查看框中，选择“梁块位置”“梁块名称”，单击“查看”，即在右侧显示温度应力折线图，如图 5.3-8 所示。

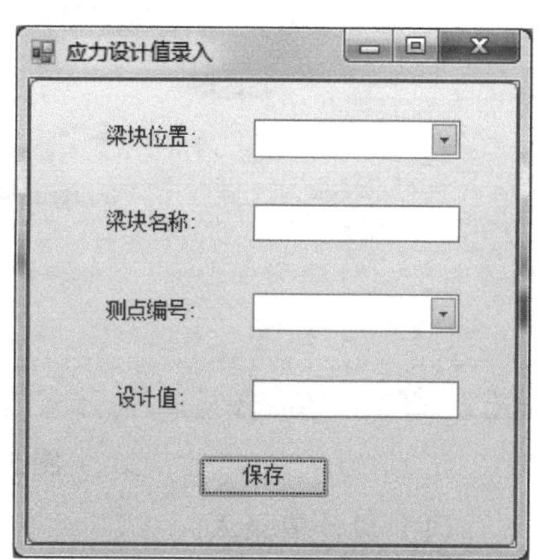

图 5.3-7　录入应力设计值

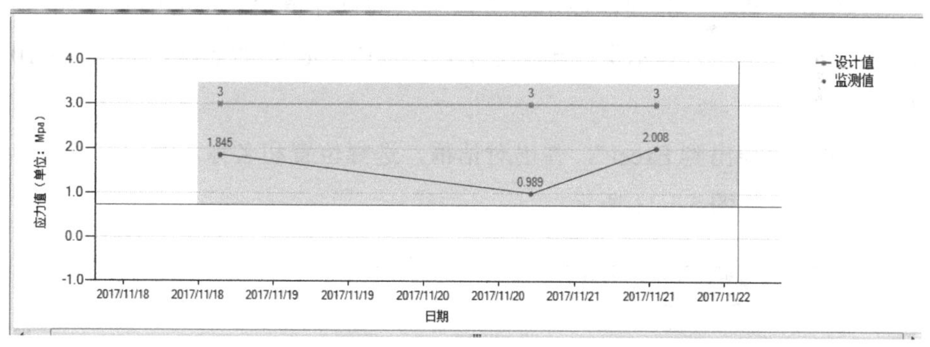

图 5.3-8　温度应力折线图

可以滑动滚动条显示其他区域，点击框中的“-”，可以将折线图缩放至原有比例。

3. 线形监测

单击主菜单的“线形监测”，即显示线形监测信息主界面，如图 5.3-9 所示。

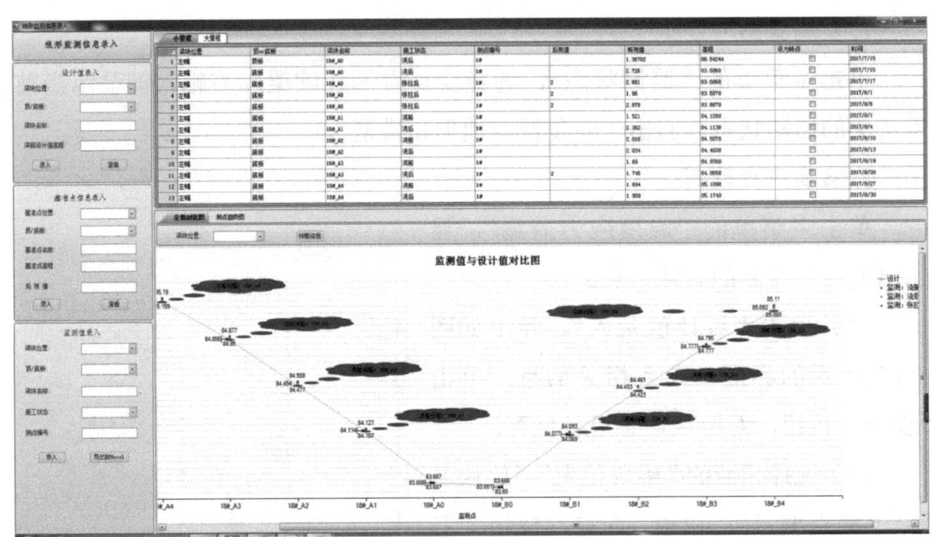

图 5.3-9　线形监测

（1）设计值录入

①选择“梁块位置”“顶 / 底板”，输入梁块名称、梁块设计值高程，单击“录入”按钮，保存所录信息。

②单击“查看”按钮，显示所有已录入的设计值信息。选中一行数据，单击“删除”按钮，提示是否删除选中行，选中“是”，则删除，如图 5.3-10 所示。

③单击“导出到 Excel”，弹出对话框，选择位置和名称，即导出所有的设计值信息，如图 5.3-11 所示。

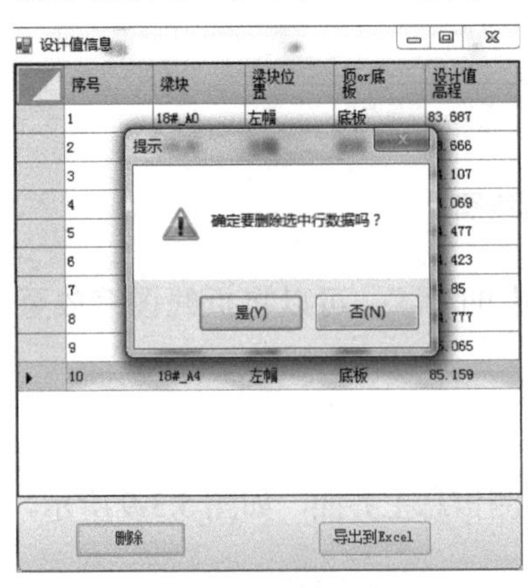

图 5.3-10　删除选中行

图 5.3-11　导出到 Excel

（2）基准点信息录入

基本操作同（1）设计值录入，此处不再赘述。

注：每次测量都需要重新录入基准点的后视值。基准点名称命名规则为“xx#_0”，其中“xx”为梁号，如：18#_0。

（3）监测值录入

①在左侧填入相应的信息，测点编号为 1#、2#、3#、4#，单击“录入”，即在右侧刷新录入记录，如图 5.3-12 所示。

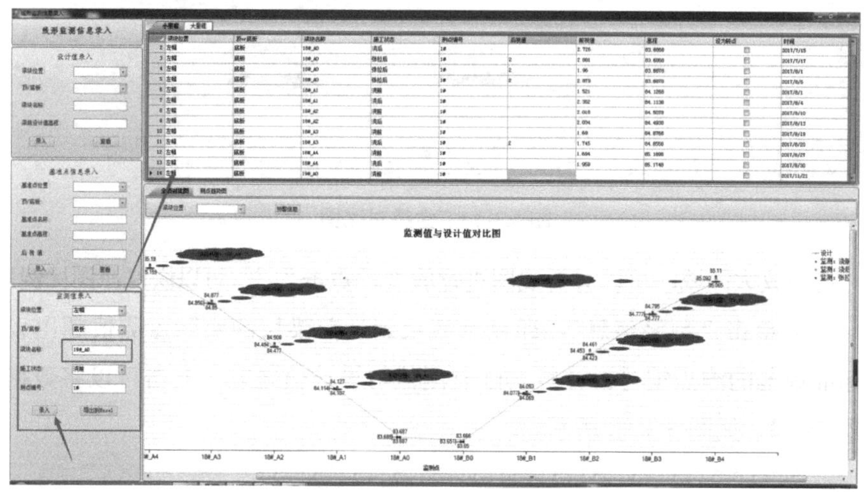

图 5.3-12　录入监测值

②双击新录入数据行的某一单元格，弹出详细的录入信息。如果不是转点，录入前视值将自动计算高程，选择测量的时间并保存；如果是转点，单击“是”，录入其后视值，选择时间保存，如图 5.3-13 所示。

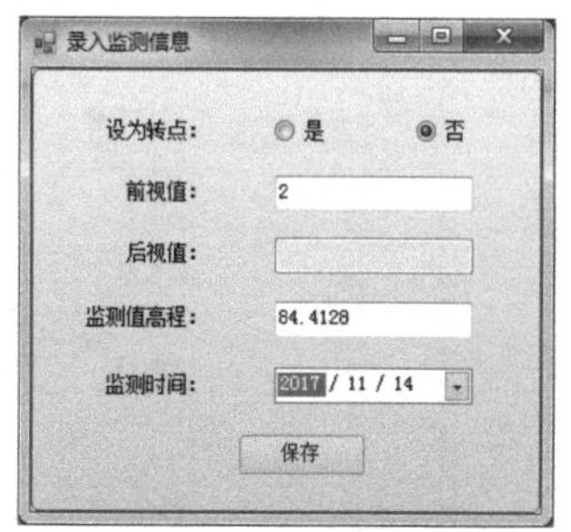

图 5.3-13　录入监测信息

③关闭当前窗口后，数据显示区域将自动刷新，显示录入的监测值。

注：录入监测值分大里程和小里程，梁块命名规则为“xx#_Ax”或“xx#_Bx”，其中，“A”代表小里程，“B”代表大里程，“x”为数字，如：“18#_A0”代表 18 号梁的 A0 块。

④删除功能。先选中要删除的某一行记录，右击之后单击“删除”，弹

出“是否删除选中行”，选择“是”，则删除；选择“否”，则不删除。

4. 全桥对比图查看

（1）点击“全桥对比图”选项卡，选择梁块位置，即根据所选位置显示相应梁的全桥对比图，如图 5.3-14 所示。

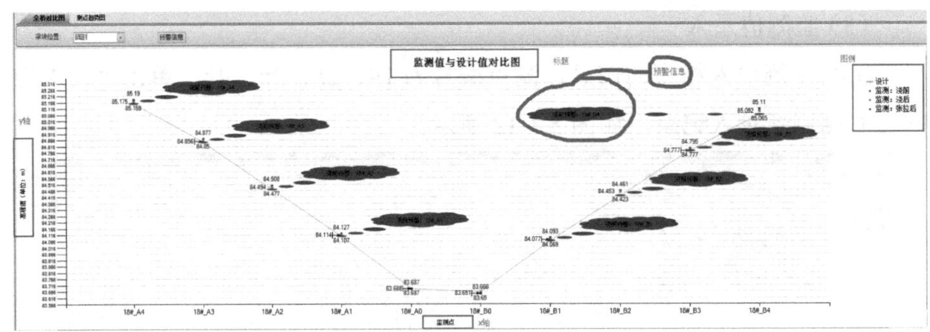

图 5.3-14　全桥对比图

选中放大区域，可以对折线图进行放大，点击“-”，可以恢复原图比例。

（2）单击“预警信息”，即显示截止到当前梁块的实际监测值超出设计值标准规范的测点编号；计算实际监测值与设计值之差，右击可以将数据导出到 Excel，如图 5.3-15 所示。

梁块位置：左幅　　预警信息

序号	梁块名称	板位置	测点编号	施工状态	高程	设计值高程	超出预警范围值
1	18#_A1	底板	1#	浇前	84.1268	84.107	0.02
2	18#_A2	底板	1#	浇前	84.5078	84.477	0.031
3	18#_A2	底板	1#	浇后	84.4938	84.477	0.017
4	18#_A3	底板	1#	浇前	84.8768	84.85	0.027
5	18#_A4	底板	1#	浇前	85.1898	85.159	0.031
6	18#_A4	底板	1#	浇后	85.1748	85.159	0.016
7	18#_B0	底板	1#	张拉后	83.6508	83.666	-0.015
8	18#_B0	底板	1#	张拉后	83.6508	83.666	-0.015
9	18#_B0	底板	1#	浇后	83.6498	83.666	-0.016
10	18#_B1	底板	1#	浇前	84.0928	84.069	0.024
11	18#_B2	底板	导出到Excel表		84.4608	84.423	0.038
12	18#_B2	底板	1#	浇后	84.4528	84.423	0.03
13	18#_B3	底板	1#	浇前	84.7948	84.777	0.018
14	18#_B4	底板	1#	浇前	85.1098	85.065	0.045
15	18#_B4	底板	1#	浇后	85.0918	85.065	0.027

图 5.3-15　预警信息

（3）单击“测点趋势图”选项卡，选择要查看的梁块位置、顶 / 底板、梁块名称、测点编号；单击“查看”，即在右侧显示当前所选测点的历史监测值，如图 5.3-16 所示。

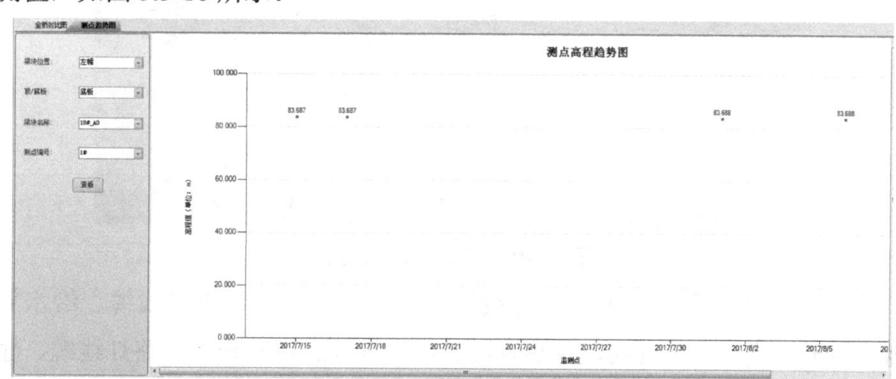

图 5.3-16　测点趋势图

5.3.6 管廊运行周期管理模块

管廊运行周期管理模块具体主菜单如图 5.3-17 所示。

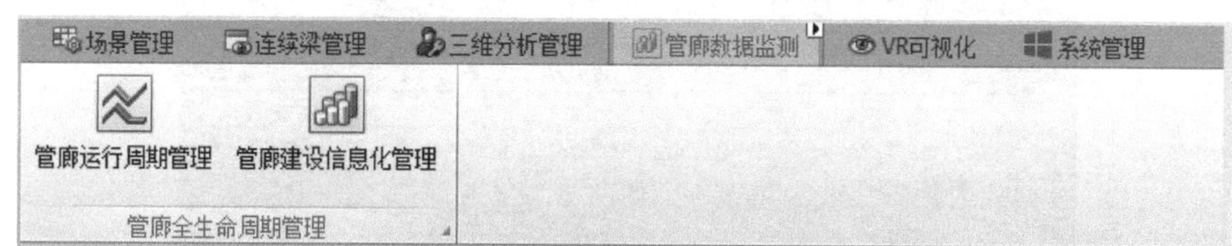

图 5.3-17　管廊运行周期管理菜单

（1）地下综合管廊是综合利用地下空间的一种手段，可以实现将市政设施的地下供、排水管网发展到地下大型供水系统、地下大型能源供应系统、地下大型排水及污水处理系统，与地下轨道交通和地下街相结合，构成完整的地下空间综合利用系统。

综合管廊界面如图 5.3-18、图 5.3-19 所示。

图 5.3-18　综合管廊（整体）

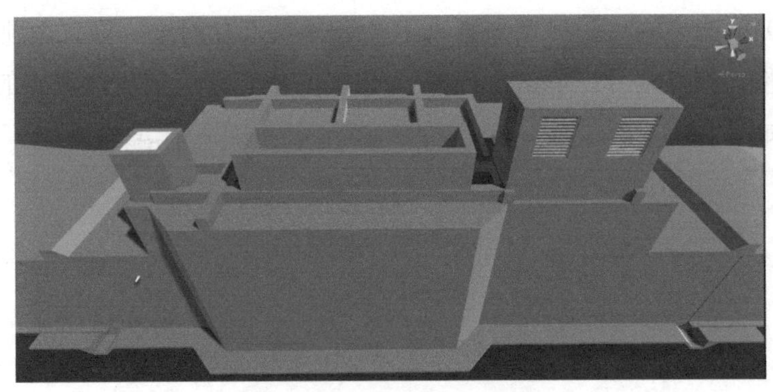

图 5.3-19　综合管廊（局部）

（2）综合管廊主要用于电力线缆、通信线缆、有线电视线缆、给水管线、中水管线、供冷管线、供热管线、燃气管线、排水管渠、路灯线缆、输油管线等市政工程项目。

使用说明：键盘 W、A、S、D 键可以进行管廊场景浏览。

综合管廊类型界面如图 5.3-20、图 5.3-21 所示。

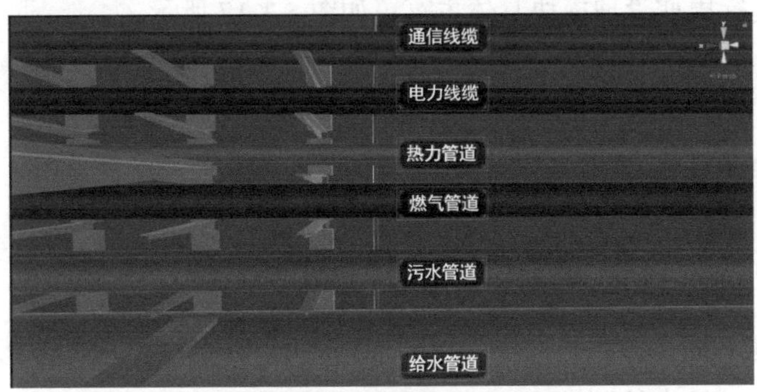

图 5.3-20　综合管廊类型（1）

图 5.3-21　综合管廊类型（2）

（3）地下综合管廊监测主要分为应用层、传输层和展示层。

应用层主要包括管廊监控单元、管道监测单元、线缆监测单元、通信单元和照明单元。每个单元由前端传感器或探头以及监控单元组成单个智能前端设备。前端传感器负责采集现场基础设备的状态信息，探头用于管廊内的照明、通信、警报等，监控单元对所采集的设备状态信息进行预处理并将其上传至服务器和对联动设备下达命令。

传输层主要包括服务器、传输网络。服务器用于前端设备状态信息的多信息融合处理、数据存储和输出、报警信息发布、前端探头联动命令下达、现场设备状态上传至监控子站和监控中心；传输网络可以是现场无源的光网络，也可以是工业级无线网络。

展示层主要包括监控子站区域设备状态信息展示、监控中心全局设备状态信息展示、声光报警、短信报警和打印输出等。

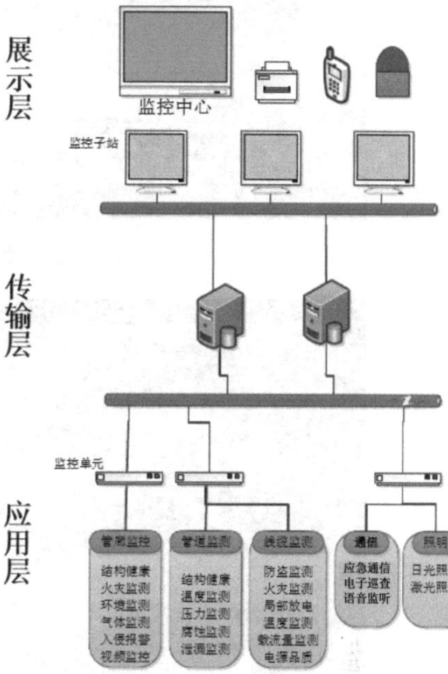

图 5.3-22　管廊监控系统

管廊监控系统界面如图 5.3-22 所示。

（4）环境监控系统对综合管廊内的环境参数进行实时监测，包括其他含量（含氧气、甲烷、硫化氢）、温湿度和集水井水位情况，出现异常情况时即报警；同时，对综合管廊内通风设备、排水泵和照明设备等进行状态监测和控制，设备控制可采用远程或就地控制方式。

使用说明：单击“数据监测”，即显示管廊内环境参数，红色表示该参数异常；单击“生成曲线”，将管廊内环境参数以曲线图的形式进行展示；单击“监控预警”，监测管廊环境的传感器如有参数异常，则在模型上显示该传感器及其位置，单击该传感器可查看该传感器参数。

管廊数据监测界面、管廊数据曲线图界面、管廊预警点监测界面如图 5.3-23、图 5.3-24、图 5.3-25 所示。

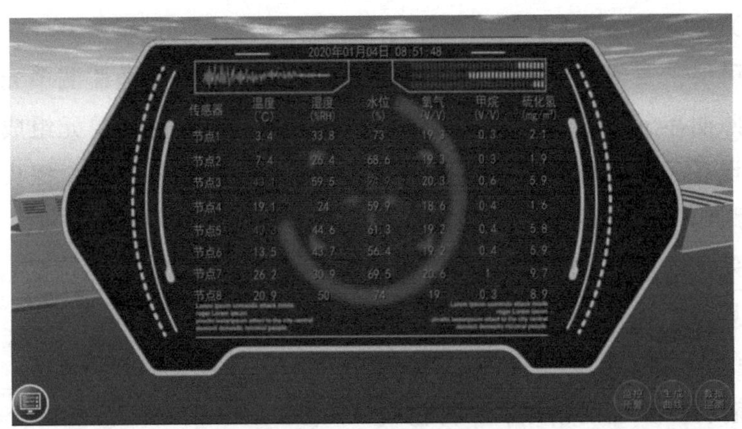

图 5.3-23　管廊数据监测界面

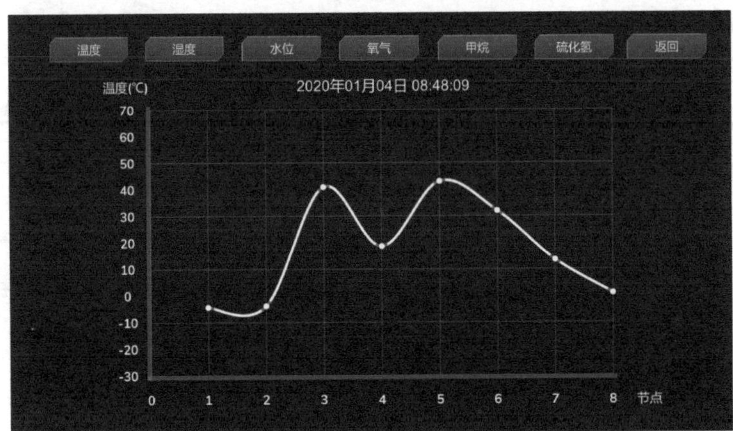

图 5.3-24　管廊数据曲线图界面

图 5.3-25　管廊预警点监测界面

5.3.7 管廊建设信息化管理模块

管廊建设信息化管理主菜单如图 5.3-26 所示。

图 5.3-26　管廊建设信息化管理菜单

（1）系统的用户名管理用来对进入全景仿真管理系统的用户进行身份查验，以防非法用户进入该系统。在登录时，只有合法的用户才可以进入该系统，而且系统可以根据登录用户的级别给予其不同的操作权限。

系统登录界面如图 5.3-27 所示。

（2）全景仿真系统将工程建设中沿线建 / 构筑物、地质地貌、设备、场站、区间等物理实体与 BIM 数字模型结合，通过虚拟现实技术再现全线建设真实管理和决策的环境，监控建设沿线环境要素和施工过程的变化，实现全线全景的可视化管理，为施工总承包单位、业主等提供辅助管理工具和决策信息服务。

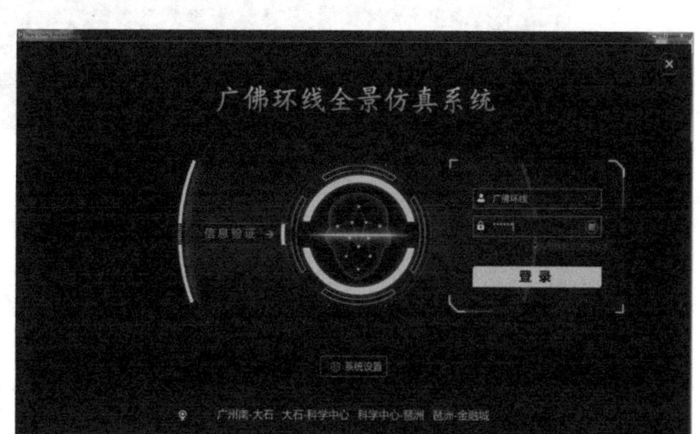

图 5.3-27　系统登录界面

全景仿真界面如图 5.3-28 所示。

图 5.3-28　全景仿真界面

（3）地面漫游包括自动漫游和手动漫游，

其中手动漫游分为行走模式、飞行模式和穿越模式三种。行走模式：虚拟人员接受物理定律限制，不能离开地面，不能调入孔洞，不能穿越物体。飞行模型：虚拟人员不接受重力限制，可以离开地面悬浮在空中进行鸟瞰。穿越模式：虚拟人员不接受物理定律限制，可以离开地面、悬浮空中、进入物体内部。

全景仿真漫游界面如图 5.3-29 所示。

图 5.3-29　全景仿真漫游界面

（4）地面漫游分为全站左右线两个区间，该区间能够完全展示 CAD 图范围内的地貌信息，显示地铁线路穿越的地质情况，能够以分层结构来显示地质变化。

使用说明：通过 W、A、S、D 键控制上下左右移动，单击下方站点名称可以跳转到该站点区间。

全景仿真地质剖面界面如图 5.3-30 所示。

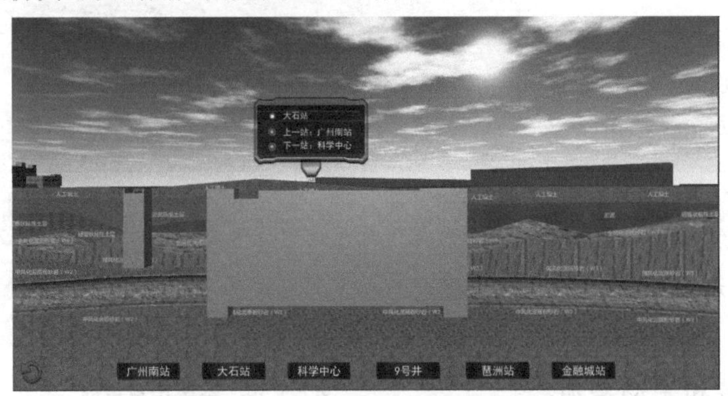

图 5.3-30　全景仿真地质剖面界面

（5）通过结构浮现可以更为直观地浏览全站区间，各个站点所处位置一目了然。

使用说明：鼠标右键控制相机视角，鼠标中键按下控制相机移动，鼠标中键滑动可以缩放模型显示的比例。

全景仿真结构浮现界面如图 5.3-31 所示。

图 5.3-31　全景仿真结构浮现界面

（6）单击盾构机标识，跳转到该盾构机视角。单击盾构机进度条，跳转地质剖面场景。

全景仿真切换场景界面如图 5.3-32、图 5.3-33 所示。

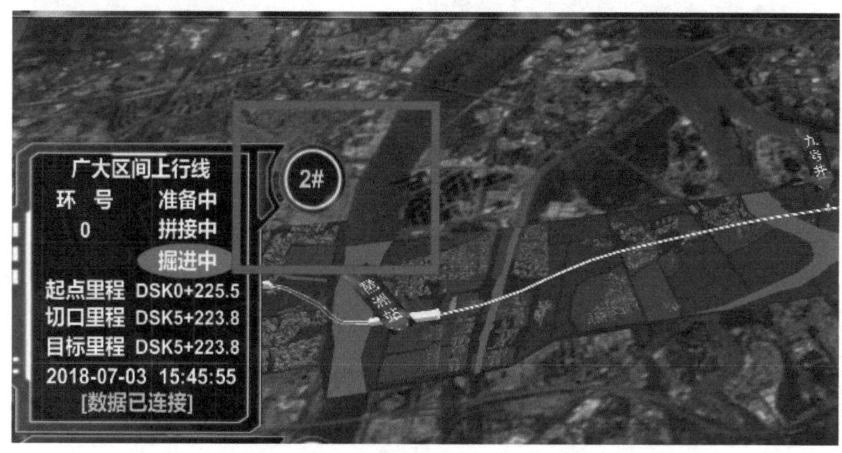

图 5.3-32　全景仿真切换场景界面（1）

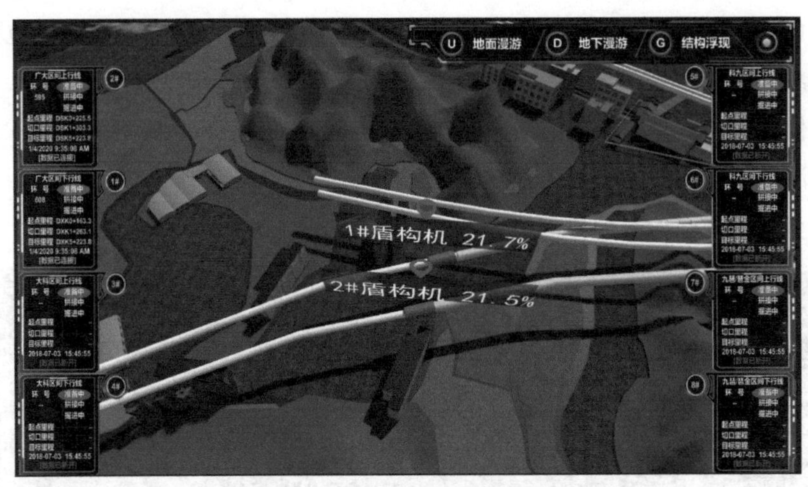

图 5.3-33　全景仿真切换场景界面（2）

（7）盾构机界面从三个维度展示区间剖面盾构机实时位置以及部分盾构机实时数据，显示已安装的管片。剖面显示地质情况，包括既有线路、建筑物、河流、桥梁等，并标注隧道的关键尺寸。

使用方法：单击右下角数据，方便了解盾构机工作时状态，包括主监控、掘进姿态、进度情况、区间分析、综合分析等。

全景仿真盾构机界面如图 5.3-34 所示。

图 5.3-34　全景仿真盾构机界面

（8）主监控和掘进姿态能够展示盾构机的推进压力、盾构掘进速度、盾构刀盘压力、刀盘转速、注脂压力、油脂消耗量、注浆压力、盾构机各设备运行状态、盾构机当前模式。

该界面能够在每次启动系统时自动通过项目组提供的 Web Service 接口读取最新的数据，并进行展示。

该界面能够按照一定间隔自动读取 Web Service 接口的最新数据，并进行展示。

全景仿真主监控界面和全景仿真掘进姿态界面如图 5.3-35、图 5.3-36 所示。

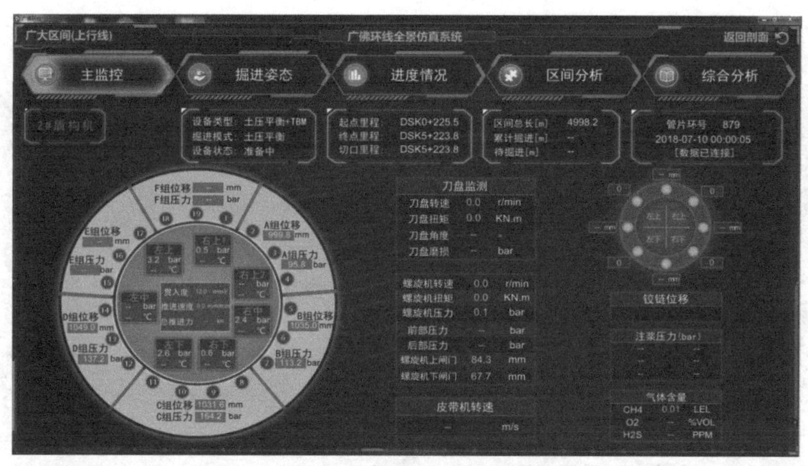

图 5.3-35　全景仿真主监控界面

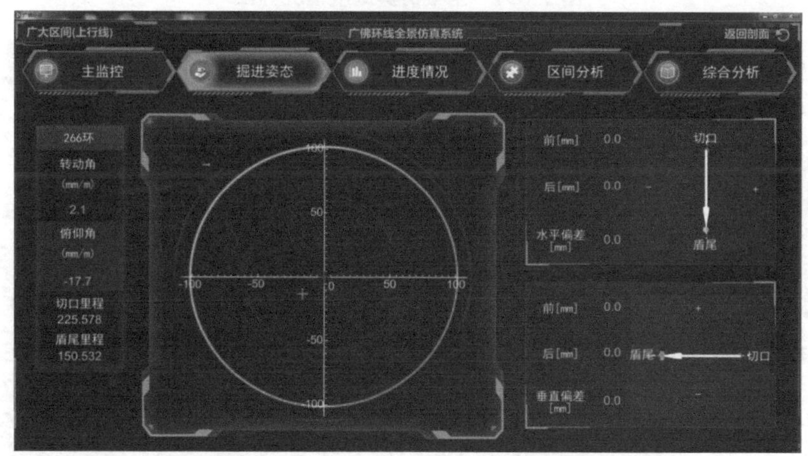

图 5.3-36　全景仿真掘进姿态界面

（9）进度情况能够通过可视化 3D 面板、三维报表、图形等形式进行统一展示。

盾构机掘进曲线图：横坐标为里程，纵坐标为时间，生成盾构进度曲线。

使用方法：单击“分段曲线图”可以将总曲线图按每千米分段统计，显示效果更为直观；单击“分时段报表”，可以按照年月日时间段进行盾构机管片查询。

全景仿真进度情况界面、全景仿真分段曲线图界面、全景仿真分时段报表界面如图 5.3-37、图 5.3-38、图 5.3-39 所示。

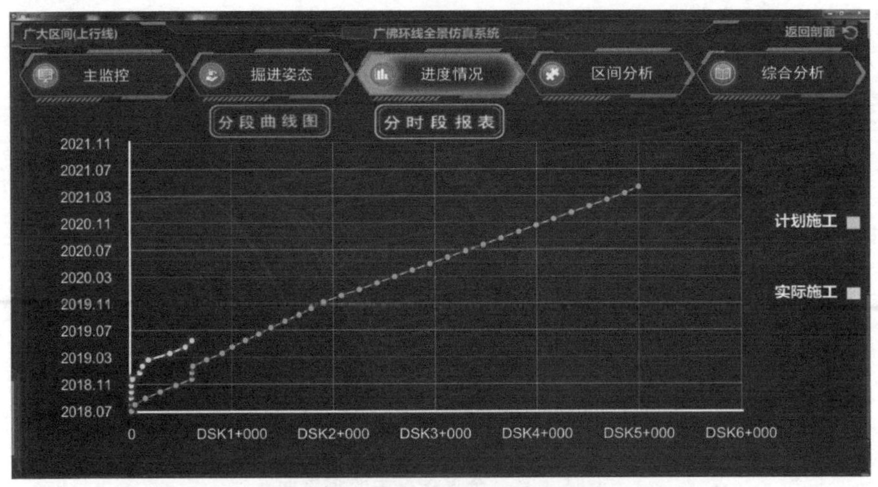

图 5.3-37　全景仿真进度情况界面

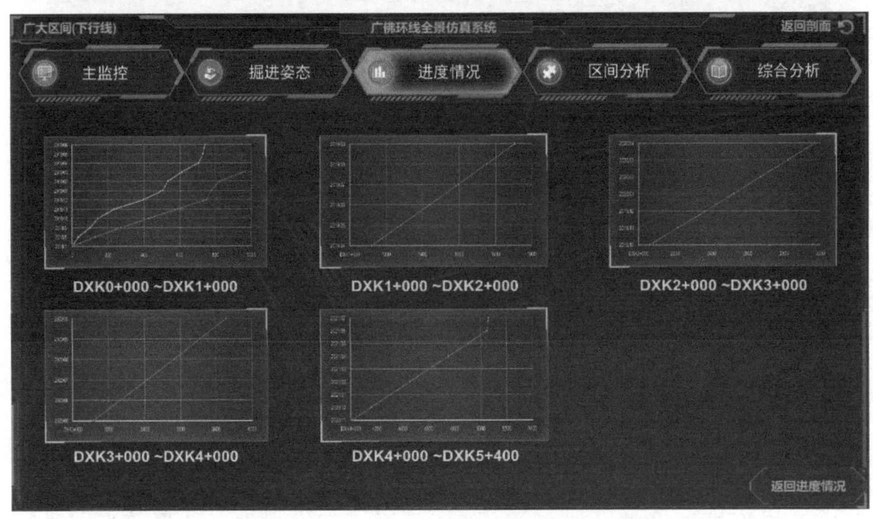

图 5.3-38　全景仿真分段曲线图界面

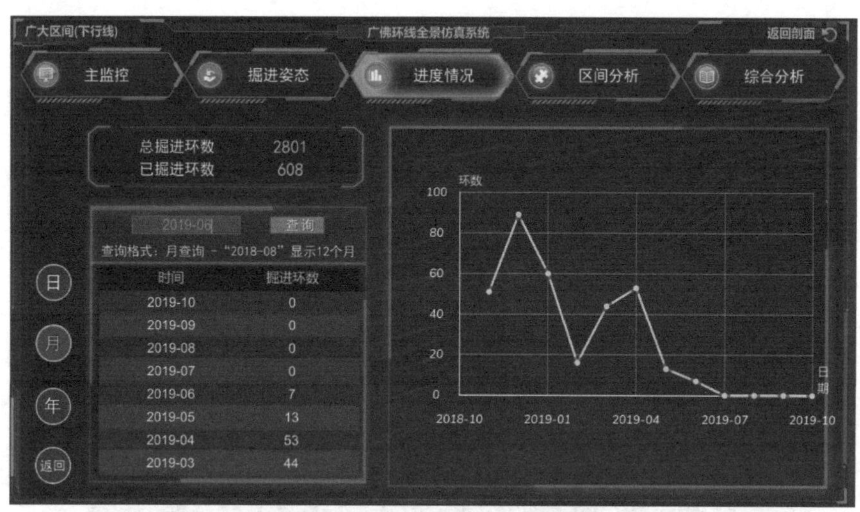

图 5.3-39　全景仿真分时段报表界面

（10）区间分析需要项目施工人员进行数据信息的录入，系统自动采集录入的数据信息并按时间进行排列和计算。

全景仿真区间分析界面如图 5.3-40 所示。

序号	起止里程	长度(m)	地质情况	地质类别	岩石强度	开始时间	结束时间	平均速度(m/d)	备注
1	DK1+579.4~DK2+385.7	117.9886	W3/W4泥质砂岩	泥质砂岩	岩石饱和抗压强度为37.1～91.1MPa 平均79.44MPa	2018年07月10日 00:00:05	2018年07月10日 00:00:05	32	
2	DK2+385.7~DK2+507.5	55.87	W3泥质砂岩	泥质砂岩	岩石饱和抗压强度为37.1～91.1MPa 平均79.45MPa	2018年07月10日 00:00:15	2018年07月10日 00:00:15	32	
3	DK2+507.5~DK2+692.4	123.757	W3/W4泥质砂岩	泥质砂岩	岩石饱和抗压强度为37.1～91.1MPa 平均79.46MPa	2018年07月10日 00:00:25	2018年07月10日 00:00:25	32	
4	DK2+692.4~DK2+724.3	128.8616	软硬不均	软硬不均	岩石饱和抗压强度为37.1～91.1MPa 平均79.47MPa	2018年07月10日 00:00:35	2018年07月10日 00:00:35	32	
5	DK2+724.3~DK2+912.0	345.4284	W3二长花岗岩	二长花岗岩	岩石饱和抗压强度为37.1～91.1MPa 平均79.48MPa	2018年07月10日 00:00:45	2018年07月10日 00:00:45	32	
6	DK1+579.4~DK2+385.7	117.9886	W3/W4泥质砂岩	泥质砂岩	岩石饱和抗压强度为37.1～91.1MP 平均79.44MPa	2018年07月10日 00:00:05	2018年07月10日 00:00:05	32	
7	DK2+385.7~DK2+507.5	55.87	W3泥质砂岩	泥质砂岩	岩石饱和抗压强度为37.1～91.1MPa 平均79.45MPa	2018年07月10日 00:00:15	2018年07月10日 00:00:15	32	
8	DK2+507.5~DK2+692.4	123.757	W3/W4泥质砂岩	泥质砂岩	岩石饱和抗压强度为37.1～91.1MPa 平均79.46MPa	2018年07月10日 00:00:25	2018年07月10日 00:00:25	32	

图 5.3-40　全景仿真区间分析界面

（11）综合分析即根据项目需要搭建 8 台盾构机掘进不同岩层，对数据作单项指标分析，并以图表方式展示使用方法：单击“地质类别”，可以将盾构机在该地质上的平均速度以柱状图的形式展示出来。

全景仿真综合分析界面和全景仿真地质类别界面如图 5.3-41、图 5.3-42 所示。

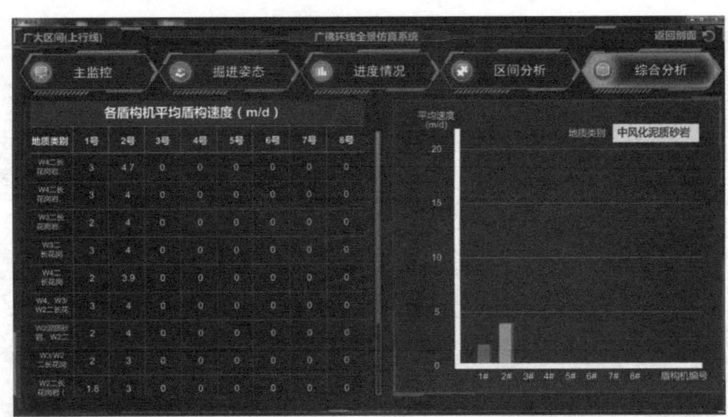

图 5.3-41　全景仿真综合分析界面

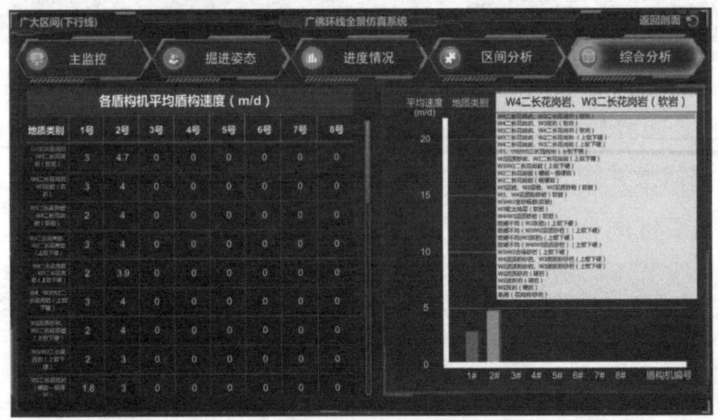

图 5.3-42　全景仿真地质类别界面

5.3.8 VR 可视化模块

VR 可视化管理菜单如图 5.3-43 所示。

图 5.3-43　VR 可视化管理菜单

（1）本场景将比例尺正射影像图和数字高程模型数据附加在展示模型上，展示电子沙盘模型。

对 BIM 作轻量化处理，并附加材质贴图效果及环境光照效果，形成虚拟展示模型。根据场景需求，搭建全线三维虚拟体验场景（图 5.3-44—图 5.3-46。）

桥梁场景界面如图 5.3-44、图 5.3-45、图 5.3-46 所示。

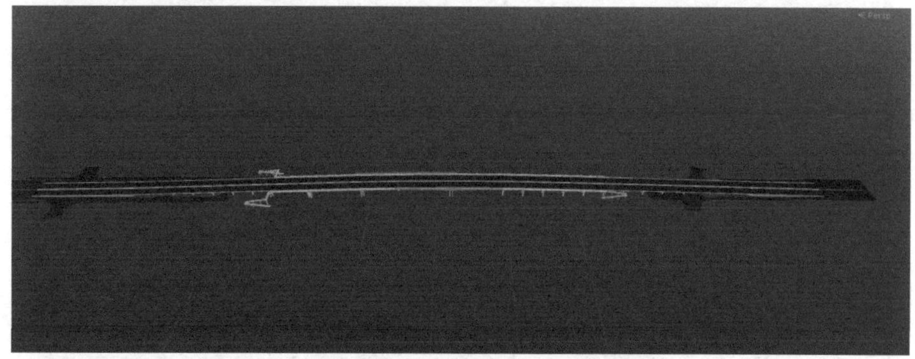

图 5.3-44　桥梁场景模型

图 5.3-45　桥梁场景模型（正视图）

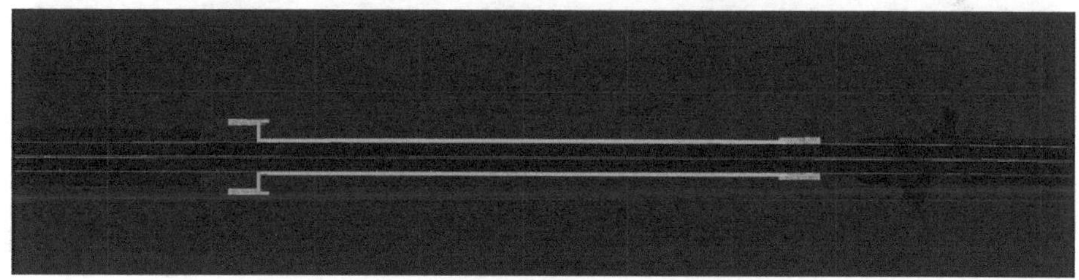

图 5.3-46　桥梁场景模型（俯视图）

（2）本场景通过三维地理信息与虚拟仿真高度综合，将工程建设中沿线建筑物等物理实体与 BIM 相结合，再通过虚拟现实技术显示全线建设真实管理和决策的环境，监控建设沿线环境要素施工过程的变化。

该三维空间以桥梁为主题，实时漫游、三维立体，可以更直观地展示桥梁的细部结构。

桥梁场景界面如图 5.3-47、图 5.3-48 所示。

图 5.3-47　桥梁场景界面（1）

图 5.3-48　桥梁场景界面（2）

（3）桥梁场景漫游，利用虚拟现实技术对现实中的桥梁建筑进行三维仿真，具有人机交互、真实建筑空间感、大面积三维地形仿真等特性。在漫游动画应用中，操作者能够在一个虚拟的三维环境中，用动态交互的方式对桥梁建筑区域进行全方位的审视：可以从任意角度、距离和精细程度观察场景；可以选择并自由切换多种运动模式，如行走、飞行等，并可以自由控制浏览的路线。除此之外，在漫游过程中，还可以实现多种设计方案、多种环境效果的实时切换比较，能够给用户带来强烈、逼真的感官冲击，获得身临其境的体验。

使用说明：通过 W、A、S、D 键可以进行桥梁场景浏览。

桥梁场景漫游界面如图 5.3-49、5.3-50 所示。

图 5.3-49　桥梁场景漫游界面（1）

图 5.3-50　桥梁场景漫游界面（2）

（4）基于上述三维立体模型，展示桥梁转体过程以及细节讲解。桥梁转体施工的工作原理：在桥台或桥墩上分别预制一个转动轴心，以转动轴心为界将桥梁分为上下两个部分，上部整体旋转，下部为固定墩台、基础，这样可根据实时情况，上部构造可在路堤上或河岸上预制，旋转角度也可根据地形随意旋转变化。

使用说明：鼠标右键可以在桥梁转体与场景漫游之间进行切换，通过 W、A、S、D 键可以进行桥梁场景浏览。

桥梁转体场景界面如图 5.3-51 所示，旋转之后的效果界面如图 5.3-52 所示。

图 5.3-51　桥梁转体场景界面

图 5.3-52　旋转之后的效果界面

第 6 章

数字孪生与 BIM 技术在智慧工地建设中的应用

◎第 6 章◎　数字孪生与 BIM 技术在智慧工地建设中的应用

6.1 工程概况

漳武线永定至上杭高速公路永定高头至城区段起于永定区高头乡（与南靖县交界处），经高头乡、古竹乡、湖坑镇、大溪乡、岐岭镇、城郊镇、凤城街道、西溪乡，接湖城高速和永定至上杭高速；按设计速度 100 km/h 双向四车道高速公路标准建设；路基宽度 26 m，建设里程约 40.4 km；项目概算总投资约 49.9 亿元（含连接线拓宽）。全线主要工程量有土石方 2 459.5×10^4 m^3、互通 5 处、服务区 2 对、隧道 11 114.5 m/8 座、大桥 10 265 m/30 座、主线涵洞 29 道、主线通道 7 处。

6.1.1 方案总体设计

为实现工地管理信息化、自动化，达到安全、高效的目的，智慧工地解决方案是通过数字孪生 +BIM 等先进技术和综合应用，将施工过程中涉及的人、机、料、法、环等要素进行实时、动态采集，有效支持现场作业人员、项目管理者提高施工质量、成本和进度水平，保证工程项目顺利完成，形成一个以进度为主线、以成本为核心的智能化施工流水作业线；实现更准确、及时的数据采集，更智能的数据挖掘和分析，及更智慧的综合预测，同时为项目部决策层 / 项目班子提供项目整体状态信息，监控项目关键目标执行情况及预期情况，为项目成功运行保驾护航。智慧工地大数据平台主要包括项目概况信息、数字工地、项目生产管理、项目安全、质量、施工过程监控量测以及智慧工地集成应用入口。

智慧工地建设以项目管理为主线，构建基于三维信息模型和工程数字化技术的工程建设一体化集成信息管理支撑平台，为深度开发信息资源、加速信息流通、实现信息资源共享和提高信息利用能力提供有效途径，促进项目管理创新、工程建设管理和决策方式的改进和优化，提高工程建设管理水平，实现科学化管理与信息化的有机结合。

利用三维平台提供的虚拟场景，结合 BIM、机械设备模型等，构建一个虚拟的施工环境，对施工方案进行动态模拟演练。综合运用现代测试与传感技术、网络通信技术、信号处理和分析技术等多个学科领域的技术，对现场施工过程进行实时记录。

6.1.2 智慧工地建设意义

智慧工地建设意义主要有以下几个方面。

1. 提高施工现场作业的工作效率

通过 BIM、云计算、大数据、物联网、移动应用和智能应用等先进技术的综合应用，让施工现场感知更透彻、互通互联更全面、智能化更深入，大大提升了现场作业人员的工作效率。

2. 提升工程项目的精益化管理水平

智慧工地建设有助于实现对施工现场“人、机、料、法、环”各关键要素进行实时、全面、智能的监控和管理，有效支持现场作业人员、项目管理者、企业管理者各层协同和管理工作，提高对施工质量、安全、成本和进度的控制水平，减少浪费，保证工程项目成功。

3. 提升行业监管和服务能力

及时发现安全隐患，规范质量检查、检测行为，保障工程质量，实现质量溯源和劳务实名制管理，促进诚信大数据的建立，有效支撑行业主管部门对工程现场的质量、安全、人员和诚信的监管和服务。

4. 确保施工各环节安全运行

通过对施工过程中结构变形、人员定位、环境等指标的监测，为了解施工过程安全状态提供数据支撑，指导相关人员有针对性地进行检查，进一步节约时间和人员投入。实时在线监测系统对各指标提前预警，设置报警阈值，当监测数据达到报警阈值时进行实时报警，方便相关单位及时发现问题，尽快处置、排除隐患。

6.2 基于 BIM 技术的基础应用

BIM 既是一种信息化、虚拟化模型，也是一种技术和信息堆积过程。BIM 的众多属性和功能的集中体现就是信息，而 BIM 就是存储这些海量信息的载体，其过程实质就是把拟建工程实物进行信息化转换，并利用现代计算机技术和现代管理技术进行综合管理。

6.2.1 BIM 模型搭建

BIM 原始模型是精确应用施工数据的基础，主要包含项目全线地质、施工场地、工点、工点结构、线路所涉及的关键市政建筑和河流、机械设备等内容。在这个过程中，还需要附加工程设计的材料和基本属性等信息。建模的颗粒度应该达到工程施工各个阶段、工点甚至工艺流程施工单元的要求。

利用 BIM 技术还可以进行干涉碰撞检查。干涉分析提前预留管道与钢筋碰撞位置，及时调整钢筋铺设方式，确保后期施工方案的可靠性。同时，BIM 技术还能够快速精确地计算工程量，为施工前物料准备提供依据。

6.2.2 施工方案模拟

根据施工方提供的施工方案生成施工动画，附带施工文字说明，对施工现场作业人员进行交底。模拟塔吊安装工序、塔吊作业范围，以及模拟塔吊不同高度的安全作业范围。

6.2.3 施工场地布置及优化

如今，施工场地普遍较小，弧形结构、圆形结构等工程越来越多，传统依靠 CAD 二维图对施工现场的大型临时设施、道路、塔吊等进行布置的方法不仅效率低且由于受到场地大小及现场结构主体异形等限制，往往不能满足现场实际施工的需要。结合 BIM 技术，运用 Revit 建模软件及 Navisworks 漫游软件，对现场的道路、临建、塔吊等构件进行了合理的布置，通过漫游模拟提前将现场布置的问题反映出来并及时进行调整，从而达到优化场地布置的目的。

6.2.4 二维码现场交底

基于 BIM，在模型中确定视觉点位，生成全景图，并生成二维码，方便现场实时查阅模型。

6.2.5 场地漫游

利用 LUMRON 或者 FUZOR 对场地进行三维场地漫游，如图 6.2-1 所示。

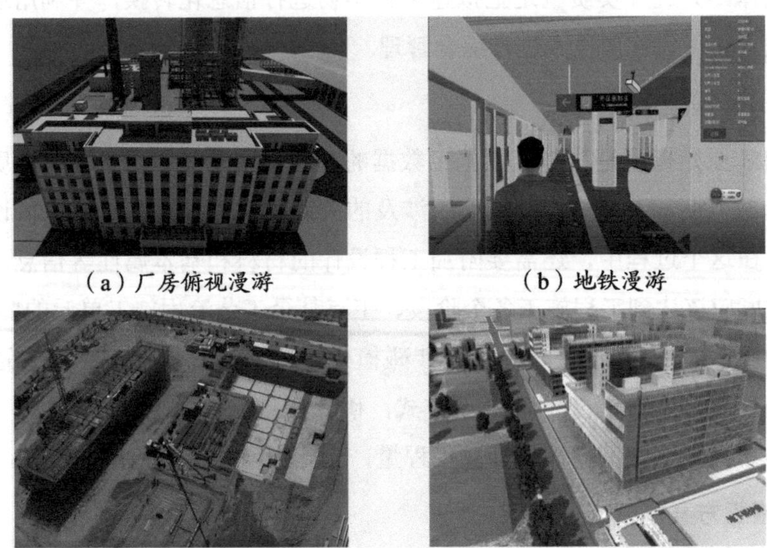

（a）厂房俯视漫游　（b）地铁漫游

（c）无人机办公楼现场漫游　（d）办公楼项目漫游

图 6.2-1　三维场地漫游示意图

6.3 基于 BIM 技术的智慧工地平台

智慧工地模式是建筑业信息化发展的最新产物之一，是智慧城市理念在建筑工程领域的拓展。当前，我国建筑工程信息化发展逐渐聚焦于信息化技术在具体实际项目中的应用。基于 BIM 技术并借助于智慧工地可以将移动互联网、云计算等先进建造技术与现场施工管理进行深度融合，这对促进建设行业工业化现代化改革具有重要意义。智慧工地实质上是一种崭新的项目管理理念，它将人工智能、传感技术、大数据、物联网等高科技植入项目建造的各种元素之中，从而形成互通互联、信息共享、智能化管理的项目管理体系。智慧工地是一种新型的智能化、信息化的管理手段，它的产生与发展可以更好地实现施工现场人员、机械、物资的整合，显著提升工程质量、保障施工安全，有利于成本控制以及推动施工现场管理朝着数字化、精细化、智能化的方向发展。

在高速公路工程施工管理过程中，基于BIM技术构建三维一体的智慧工地信息管理系统是计算机技术在工程管理应用中的首要任务。一体化的信息管理系统，不仅可以实现在高速公路工程各方面的统一、规范、高效管理，实现对资源的合理、高效利用，还可以让工程参建人员充分感受到应用计算机信息技术所带来的巨大好处。通过计算机技术构建一体化的信息管理系统，需要高速公路工程施工单位结合自身工程特点，将工程管理中的各个环节，包括施工档案整理、图纸设计、施工前的招标等，以及管理工作的各方面，包括施工质量安全、施工人员、施工进度、施工材料采购等全面考虑在内，以设计出与自身相适应的、功能齐全的一体化信息管理系统。另外，由于高速公路工程建设是一项数据量非常庞大的项目，因此一体化信息管理系统的构建还需要具备兼容性、可扩展性良好的数据库平台，以实现对大量数据的采集、处理、存储与共享。同时，计算机技术在高速公路工程管理中的应用还要尽可能突破现有局限，并将各项管理内容有效衔接起来，从而构建出一套完整的、适用的、功能强大的一体化信息管理系统。

智慧工地信息管理系统应用轻量化的三维施工模型管理工程现场施工过程，并通过现场施工电子日志填报，为工程项目管理提供现场施工进度、质量等实时数据。基于数字化设计模型，以单元工程和安装单元为核心，集成进度、成本、资源、数据，形成5D施工组织计划，实现虚拟施工过程模拟；制订经费支出计划，优化施工方法，减少施工干扰，计算施工资源，实现进度合理优化设计。

6.3.1 平台架构

智慧工地平台是底层架构，主要实现以下功能：

（1）用户登录，现场的管理人员及技术人员可以凭账号和密码登录系统；

（2）三维模型的导入；

（3）三维地形模型的导入；

（4）人员与权限管理，可以创建系统用户，并且可以针对各类人员分配不同的操作权限。

6.3.2 信息化室

建立信息化室，信息化室内设置液晶大屏。通过 BIM 搭建电子沙盘，结合物联网技术，集成到智慧工地管理平台上，实现实时查看结构监测数据、环境监测数据、视频监控画面、施工人员位置、BIM 三维效果图、试验数据等各方面的信息，便于现场管理人员了解整个项目的施工情况及现场调度情况。

6.3.3 劳务实名制管理模块

为高速公路项目部搭建劳务管理平台，管理工地内的流动人口；便于施工企业准确掌握劳务分包人员动态变化情况，满足工程赶工对劳动力的需求；施工企业能够实时查看下属工地工人花名册和考勤情况；系统可以实时记录工人的上下班刷卡时间，规避劳务纠纷出现的风险，关键时刻拿出可靠的依据，降低损失；准确掌握劳务分包人员身份和技能信息，作为劳务成本核算的依据和基础；同时，可以绑定安全教育、工资发放、社会治安等信息。通过对现场工人考勤信息进行收集，实现施工现场的精细化管理，将企业劳务成本目标分解细化并进行严格的监督及过程管理，将精细化管理贯穿现场工程管理的方方面面。

6.3.4 协同办公模块

协同办公模块是将现代化办公和计算机网络功能结合起来的一种新型的办公方式。通过实现办公自动化，或者说实现数字化办公，可以优化现有的管理组织结构，调整管理体制，在提高效率的基础上增加协同办公能力，增强决策的一致性，最后达到提高决策效能的目的。协同办公在施工项目中包括项目通讯录、收发文管理、任务、待办事项、整改与处罚、通知通告、会议记录等。

6.3.5 施工管理协同模块

1. 项目进度管理

结合 BIM 的项目进度管理，能够支持施工相关计划的制订与管理。基于 BIM 数据按照工程施工工艺规范制订施工组织计划，将各施工单元工程量数据与企业材料、设备等定额库结合形成工程预算及资金计划，为后期的工程管理及合同与成本管理提供精细化的数据。

通过将项目进度计划与施工工程结构进行关联，达到项目进度计划和 BIM 的直接关联，实现施工计划的三维动态模拟，并可实现按施工阶段、时间、施工部位的工程量计算和统计；还能够与进度计划模拟的 BIM 进行实时比对，随时校核进度偏差，加强项目管控。

依据施工计划和施工日志的对比，将项目各专业划分为不同的施工分区，管理人员可以按照施工计划进行任务完成情况分析，展示工区进度，项目的进度情况和任务完成情况一目了然。

2. 项目质量管理

将 BIM 模型按照分项工程、分部工程和单位工程进行结构性的划分后，提供一套从原材料、半成品到成品等各个质量控制环节的信息录入、查询、追踪的信息化手段。

监理人员针对现场施工质量问题进行拍照上传，通过平台对质量安全内容进行图片和文字记录，并将其关联单元工程，实现跟踪留痕，以标签图片的形式在 BIM 中展示现场和处理情况，协助生产人员对质量问题进行直观管理，与交验阶段的遗留整改问题进行比对。

3. 项目安全管理

项目安全管理应从安全事件管理、进出人员门禁管理和人员安全定位等方面实现其目标。相较于传统的安全管理模式，利用 BIM 技术进行安全管理可达到降低安全风险、提高施工安全保障的目的。

（1）安全事件管理

不同的工程类型可以预先定义安全措施，事先对施工安全提供指导；对施工进展中出现安全问题（隐患或事故）的部位追加安全措施。安全事故（及安全隐患）管理可记录例行的检查行动和已发生事故的详细情况（原因、损失、人员伤亡情况、责任方 / 人、处理结果等）。

（2）进出人员门禁管理

系统提供集成远距离识别的超高频 RFID 电子标签技术（由读卡器、人员卡、触发器、信息显示屏及报警器等组成），能够结合门禁系统、视频监控系统，实现对进场人员的实时监控。可对进、出口工作人员进行统计，实现工作人员考勤记录，建立人员出入的各种信息报表（如进出时间报表、出勤月报表、加班报表、缺勤报表等），还可支持 LED 大屏显示。

（3）人机安全定位管理

隧道内及外部施工现场安装人员定位系统，具有人员、车辆定位信息查询，人员、车辆历史轨迹查询，危险区域闯入、外来人员实时统计，人员求救、洞内时长超时报警，危险区域闯入报警，危险区域靠近报警，车辆求救、洞内时长超时报警，车辆超速、断电报警，系统定位基站断电、卡片电量不足报警等功能。

隧道口设 LED 显示屏，隧道内人员及车辆定位信息、报警信息可在该大屏上实时显示，同时在信息化室大屏幕上可以显示隧道及整个施工区范围内的人员定位信息，便于管理人员随时掌握现场情况。

4. 项目成本管理

结合 BIM 统计分析的项目成本管理可将成本核算工作提前到工程施工进行过程中，贯穿于项目管理活动的全过程和每个方面，从项目中标签约开始到施工准备、现场施工，直至竣工验收，在整个工程建设过程中进行实时动态的成本监控与分析。

项目成本管理包括预算管理、费用控制管理、BIM 工程量归集、项目成本预测等。

5. 档案资料管理

高速公路工程建设项目因规模大、周期长，在建设过程中产生的档案资料具有类型多、保密性要求高、涉及人员范围广、未来运维周期长等特点，这都对工程档案资料管理提出了挑战。工程档案资料管理主要包括以下主要内容：

（1）档案资料的分类管理；

（2）建设单位、设计单位、监理单位在参建过程中的来往信函、文件；

（3）各参建单位出具的各类资料，如设备和材料生产厂商信息、价格信息、网站链接、供应商、施工责任单位、维保手册等；

（4）材料进场、施工、验收、竣工移交等阶段的变更、验收、签字盖章的相关文件；

（5）送检材料的见证取样部位、数量、批次及监理单位确认的检测报告扫描件；

（6）检验批、分部工程、分项工程、单位工程验收过程中的各项资料扫描件，工程照片、视频。

结构化目录式的文档操作视图，简易直观，方便操作，非常符合工程人员使用习惯；灵活的数据归类视图不仅可满足工程现有各种文档分类的需求，同时也可满足工程将来的业务扩展需求；通过 BIM 与相关的档案资料建立关联关系，实现结构化视图、BIM、文档资料一体化管理。

6. 施工日志管理

提供对施工进度日志、施工质量日志、施工安全日志等电子施工日志的录入和管理，便于项目经理对资源进行有效安排，对人员、设备、物料的每日用量、投入进行精细化管理。

施工技术日志与二维的电子施工日志表格是通用的，提高了与三维模型的匹配度。每日生成的日志会与施工计划中的时间相关联，从而达到驱动形象进度的效果，方便管理人员更直观地了解项目进度。

系统能够对工程量信息实现汇总和导出，支持 Excel、PDF、Html 等格式。

对施工过程中的物资用量、使用部位、采购计划、使用情况、发放情况等按模型量及预算量进行查询及管理，为进一步的物资采购提供依据。支持对应模型下的工程量信息汇总和导出。

通过施工安全日志、质量日志的填报，结合 BIM 技术，能够更加形象地展示施工现场的安全、质量问题，结合安全、质量预警值，在发生安全质量问题前，做到提前预警，从而进一步提高对施工现场安全、质量的管控力度。

6.3.6 基于 BIM 技术的施工组织辅助决策系统

基于 BIM 技术的施工组织辅助决策系统，通过工程施工仿真 BIM 数据，统筹控制工程施工过程、机械设备投入、材料供应及运输等各个施工环节，对仿真模拟出的施工进度计划进行分析，动态查询及优化调整施工资源配置、施工强度和进度计划，为工程建设单位提供更加合理的施工组织计划、资源和设备投入安排，从而达到提升建设单位对工程项目的服务协调和管理水平。

基于BIM技术的施工组织辅助决策系统由传感器子系统、数据采集子系统、数据传输子系统、数据库子系统、数据处理与控制子系统、安全评价预警子系统六大模块构成。传感器子系统和数据采集子系统完成各监测项目（参数）的测量、转换和数据采集。数据传输子系统介于物理感知层和数据核心层之间，由无线传输系统、专用网络构成，可完成数据采集并传输到远端数据库服务器系统。数据库子系统为结构健康状态分析提供数据支撑，主要完成数据分类存储、交换查询管理。数据处理与控制子系统由数据交换中间件、流程与事务管理中间件、数据分析管理软件、多媒体管理中间件组成。安全评价预警子系统完成监测数据的分析、预警、显示和输出等，通过监控中心将重要的监测信息发布到用户手机、邮箱等，及时对不稳定结构或可能出现失稳的结构采取一定的治理措施进行防治，防止灾害的发生或扩大，减少损失。

系统构成中，六大模块管理分工明确，保证结构监测系统安全、稳定、高效运行。

1. 视频监控

为了满足建筑企业安全施工和集中管理的需求，兼顾政府监督部门的监督要求，采用视频监控技术、视频图像处理技术、无线网络传输技术、流媒体网络传输技术、集中监控管理平台等构建完善的建筑工地视频监控系统。通过在工地的安全防范区域，包括工地大门、材料堆放处、塔吊、隧道施工区等地安装视频监控摄像头，获取监控区域清晰的实时视频，供管理人员查看，以了解工地现场实时状况。

视频监控系统具有图像存储和备份、历史图形的检索和回放功能；还具有不安全行为识别，人脸实时识别追踪，人员身份实时对比，抓拍时间自动记录，自动识别不戴安全帽、抽烟等不文明行为的功能。根据用户需求可以定制多种识别功能、特定行为辨别分析等。

2. 环境综合监控

分布式环境综合监测系统对噪声、$PM_{2.5}$、PM_{10}、风向、风速、温度、湿度、大气压等多个环境要素进行全天候现场精确测量。本系统与空调、风机、除湿机、喷淋设备等实现联动，实现自动化、智能化的响应。监测的多个参数实时数据可以在现场 LED 大屏、信息化室及云平台中实时显示。

3. 结构监测监控

对施工中隧道、预制场、移动模架等处的结构变形及受力情况进行监测，同时对隧道内有毒有害气体进行监测。结构监测指标主要包括隧道裂缝、横向和拱顶收敛、震动、倾角、应变、温湿度、气体、构件应力、模板变形。

（1）隧道裂缝监测。在典型较大裂缝位置处安装裂缝计，监测裂缝发展情况。

（2）横向和拱顶收敛监测。通过在隧道一侧安装两个激光测距仪，分别监测隧道拱顶下沉以及水平净空变化值。

（3）震动监测。将震动传感器安装在隧道侧壁上，以监测结构震动情况。

（4）倾角监测。将双轴倾角传感器安装在侧墙中上部，以监测隧道整体的倾斜情况。

（5）应变监测。将应变传感器布置在隧道中上部，以监测结构受到的应力应变变化。

（6）温湿度监测。隧道结构本身及相关指标受环境温湿度影响很大，通过温湿度传感器监测周边温湿度变化情况。

（7）气体监测。隧道开挖过程中监测隧道内一氧化碳和氧气含量及 $PM_{2.5}$ 的浓度。

（8）构件应力监测。施工过程中预制件提前埋入应变传感器，对施工过程及运营后结构受力进行监测。

（9）模板变形监测。在模板上安装倾角传感器，以监测浇筑过程中的模板变形。

结合施工方案，基于不同的施工方法，对施工过程中的设备、构件、结构等进行实时监测，为施工安全保驾护航。

对地质情况复杂、稳定性差的边坡工程，施工期的稳定安全控制更为重要。边坡监测指标主要包括边坡表面位移、深部位移、锚索受力、土体及环境温湿度、降雨量。

（1）表面位移监测。通过 GNSS 监测设备对边坡表面位移进行监测，并在远端设置一个基准点。

（2）深部位移监测。在边坡顶部钻设侧斜孔，其内安装3个固定测斜仪，实时监测边坡内部位移。

（3）锚索受力监测。边坡施工过程中，在锚索上安装锚索计，对锚索受力状态进行监测，以监测边坡稳定性。

（4）土体及环境温湿度监测。在监测边坡两侧各设 2 个监测点，对土体及环境温湿度进行实时监测，反映土体性能。

（5）降雨量监测。在边坡周边安装一个降雨量计，实时记录降雨量。

4. 监测设备

（1）采集设备

本项目拟采用的数据采集仪为 16 通道无线数据采集仪和 8 通道振弦采集仪。

16 通道无线数据采集仪可支持 Wi-Fi 及 GPRS 同时传输，可直接接入多种传感器，稳定性好，操作简单，可最大限度满足用户需求。

8 通道振弦采集仪专为振弦传感器设计，支持接口 RS485、RS232，稳定性好，操作简单，可最大限度满足用户需求。

（2）传感器

根据项目需要，拟用到的部分传感器参数如表 6.3-1 所示。

表 6.3-1　传感器参数

设备名称	设备参数	图片
倾角传感器	测量范围：±10° 测量轴：双轴 分辨率：0.001 ° 绝对精度：0.05 ° 温度范围：-25 ～ +85 ℃ 防水等级：IP67	
激光位移计	标准量程：40 m 测量精度：±2 mm（10 m 内） ±2 mm+0.05×（D-10）（10 m 外） 测量温度：0 ～ 40℃ 储存温度：-20 ～ 60℃	

（续表）

设备名称	设备参数	图片
应变传感器	标准量程：3000 με 灵敏度：1 με 0.5 με 温度范围：-20 ～ 80 ℃ 标距：150 mm/250 mm	
震动传感器	标准量程：±2 g 测量值：三轴 分辨率：0.05 mm/s 频响：0.2 ～ 500 Hz 温度范围：-40 ～ 85 ℃	
裂缝计	标准量程：75 ～ 200 mm 灵敏度：0.1% FS 温度范围：-25 ～ +85℃ 非线性度（直线）：≤ 0.5%FS 多项式：≤ 0.1%FS	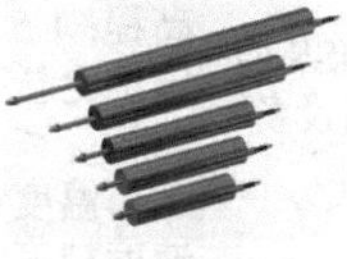
固定测斜仪	量程：±15° 灵敏度：±6 弧秒 精度：0.1% FS 温度范围：-40 ～ 85 ℃ 工作电压：12 V DC ～ 5 V DC 长度：187 mm 材料：304 不锈钢	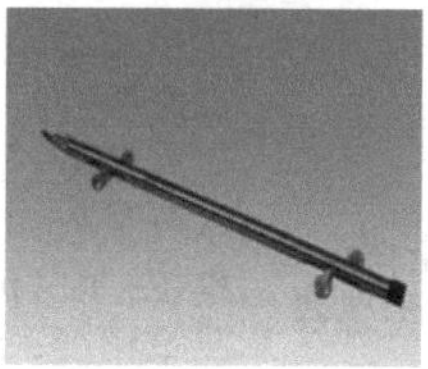
温湿度传感器	量程： 湿度：0 ～ 100% RH 温度：-40 ～ 120 ℃ 准确： 湿度：±3% RH（5%～ 95% RH，25 ℃） 温度：±0.5 ℃（0 ～ 50 ℃） 供电：DC 24 V（22 ～ 26 V） 工作温度：10 ～ 60 ℃ 长期稳定性： 湿度：＜ 1% RH/y 温度：＜ 0.1 ℃ /y 响应时间：＜ 15 s（ 风速为 1 m/s）	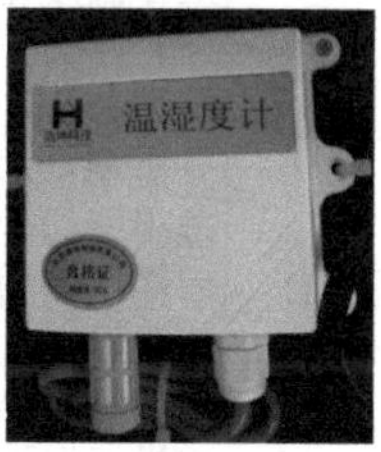
风速风向传感器	风速： 测量范围：0 ～ 70 m/s 分辨率：0.1 m/s 启动风速：≤ 0.5 m/s 精度：0.3 m/s 风向： 测量范围：0 ～ 360° 分辨率：1° 精度：3° 工作环境： 温度：-60 ～ 50℃ 湿度：≤ 100% RH	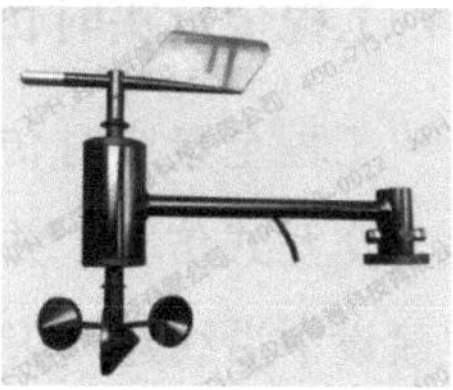

（续表）

设备名称	设备参数	图片
4G 摄像头	分辨率：1 024×768、1 280×960 等多选 夜视距离：5 m 视角：90° 温度范围：-40 ～ 80 ℃ 工作电压：9 ～ 36 V DC 白平衡：自动 传输模式：GPRS（内嵌 TCP/IP 协议）	
GNSS 监测设备	RTK： 平面：1 cm+1 ppm 高程：1.5 cm+1 ppm 定位更新率：20 Hz 功耗：＜ 2.8 W 工作温度：-40 ～ 85 ℃ 速度精度：0.03 m/s	
土壤墒情传感器	防护等级：IP68 温度量程：-30 ～ +70 ℃ 温度精度：±0.2 ℃ 水分量程：0 ～ 100% 单位：%（m^3/m^3） 测量精度：±3% 重复测量精度：±1% 输出信号：RS485 工作温度范围：-30 ～ +70℃	
雨量计	测量范围：≤ 4 mm/min（降水强度） 分辨率：0.2 mm（6.28 mL） 准确度:±4%（室内静态测试，雨强为 2 mm/min） 雨量量筒的标准范围:0.05 ～ 10 mm 雨量量筒的最小分度:0.1 mm 储水器的容量:2 000 ～ 2 500 mL 主机工作环境条件：-40 ～ 50 ℃	

6.4 工程全景实时仿真系统（电子沙盘）

工程全景实时仿真是综合物联网、工程全生命周期管理、BIM、虚拟现实与交互式仿真，并整合现有信息系统数据资源的高新技术。本项目拟将工程建设中沿线建 / 构筑物、地质地貌、设备、工点等物理实体与 BIM 相结合，通过虚拟现实技术再现全线建设真实管理和决策的环境。同时，联动视频监控系统、语音对讲系统，监控建设沿线环境要素和施工过程的变化，实现全线全景的可视化管理，为施工总承包单位、业主等提供辅助管理工具和决策信息服务。

搭建全线三维可视化与信息集成展示系统，融合应用 BIM 和虚拟现实技术，利用全线全景展现模型提供集成的相关信息查询与分析，以及工程自然环境和施工过程的动态演示等功能，创建沉浸式的工程建设辅助管理和决策支持虚拟现实环境。

全线三维可视化与信息集成展示系统，通过对空间对象和数据进行统一编码和空间定位，集成施工管理、隧道及地下工程监控量测预警信息管理平台系统、试验室、拌和站、隧道监控量测信息系统、项目管理信息系统、隧道超前地质预报、隧道围岩注浆监测、隧道衬砌脱空检测等实时信息，由三维可视化与信息集成展示平台负责统一展示分析。三维可视化与信息集成展示平台除具有多专业协同和虚拟现实环境下决策监控等基本功能外，还具有培训、汇报演示等拓展功能。

在通用的功能需求方面，三维可视化与信息集成展示系统应支持智能加载三维地形、地貌、建筑、设备模型及其贴图数据，自动根据场景大小选择加载空间对象模型；支持自定义显示内容，包括选择显示的区域、选择显示的模型类型、设置显示的透明度等，并将漫游场景限定在选择的区域或模型范围内；支持空间对象背后的属性数据或任何与其关联的信息的可视化，如盾构机、拌和站及各大型施工设备的运行与停机、核心控制参数、设备正常与故障等，通过颜色、警示灯及数据框等可视化方式进行展示；支持用户创建、修改、保存和调用自定义三维场景；支持以各种方式进行交互，包括通过鼠标、键盘、触屏、VR 设备等结合实时定位信息进行交互。

6.5 VR 安全教育系统

现场设置 VR 安全教育系统，采用先进成熟的 VR、AR、3D 技术，结合 VR 设备以及电动机械，结合多年施工安全管理经验和施工安全器材生产技术，以住建部颁布的安全规范为标准，全面考量工地施工的安全隐患。体验者戴上 VR 眼镜后，仿佛身临其境，整个工地逼真地展示在眼前，似乎触手可及。VR 安全教育系统可激发工人参加安全教育的兴趣，工人对安全事故的感知认识也会大大增强。虚拟场景不受场地限制，可最大限度模拟真实场景下的安全事故。通过现场的 VR 演示系统，让工人体验危险源的危害，以及机械碰撞等的危害。